来，和总统一起烘焙！
BAKING WITH PRESIDENT

扫一扫

了解更多信息，请访问总统官方新浪微博：@President总统乳制品　　关注President乳制品微信

肖静 ◎ 主编

烘焙工坊

武汉出版社
WUHAN PUBLISHING HOUSE

（鄂）新登字 08 号

图书在版编目 (CIP) 数据

烘焙工坊 / 肖静主编 . -- 武汉：
武汉出版社，2015.12（2019.1 重印）
ISBN 978-7-5430-9740-7

Ⅰ.①烘… Ⅱ.①肖… Ⅲ.①烘焙 – 糕点加工
Ⅳ.① TS213.2

中国版本图书馆 CIP 数据核字（2015）第 301000 号

书名：烘焙工坊

主　　编：肖　静
策　　划：许琳菲　韩　民
统筹编辑：詹嘉莹
内容编辑：高淑贞　宋远方
美术总监：应今隆
美术设计：游易知
图片编辑：陈岩峰
菜品艺术造型师：陶　湧　周志强
摄　影　师：徐吟曦　夏旭纯　邹立晟
项目统筹：金静芳
封面设计：象上品牌设计
责任编辑：蔡玉华　李时雨
出　　版：武汉出版社
社　　址：武汉市江岸区兴业路 136 号　邮　　编：430014
电　　话：(027)85606403　85600625
http ://www. whcbs. com　　E-mail：zbs@whcbs. com
印　　刷：廊坊市长岭印务有限公司　　经　　销：新华书店
开　　本：787mm×1092mm　　1/16
印　　张：10　　　　　　　字　　数：200 千字
版　　次：2016 年 3 月第 1 版　2019 年 1 月第 2 次印刷
定　　价：69.80 元

甜蜜小世界

　　记得刚工作那会儿，初入媒体圈的我每天的工作状态是白天去品牌借道具，影棚拍片，拍完赶回公司加班写稿、回邮件，然后为第二天的拍摄做准备……外人艳羡的编辑工作，在圈内人看来其实就是民工般的体力活。即使干劲十足，时间久了，还是会明显感觉到体力不支。一次拍摄，采访对象是新开张的咖啡馆，店长推荐了几道人气的甜品，摄影师姐姐一看到漂亮的杂莓蛋糕忍不住说："疲劳时就想吃一块这样的蛋糕！"从来对甜食不感冒的我微微一震，什么？还有这功效？

　　采访结束后，抱着怀疑的态度尝了一下。同伴选了外观极为可爱诱人的杂莓蛋糕，我做了保守的选择——提拉米苏，从舌尖触碰到甜品的那一刻，身体便开始了剧烈的化学变化。据说进食甜点的过程中，大脑受到刺激释放多巴胺，刺激到神经末梢，让人产生愉悦感，进而刺激大脑，对甜食产生更多的渴望。而糖分可以促进脑内5-羟色胺的合成，这是一种能令人产生愉悦情绪的信使，几乎影响到大脑活动的每一个方面：从调节情绪、精力、记忆力到塑造人生观。很多人会觉得疲劳时想吃点甜的东西，竟然有着如此严谨的科学依据。

　　之后，凡是遇到体力透支，或是情绪低落的时候都会下意识地吃一块蛋糕缓解，舌头慢慢被这些妖娆调皮的小东西所宠坏。边品边研究，发现看似简单的甜品并不"肤浅"。这几年所向披靡的马卡龙，来自浪漫的法国，小巧圆滑的外形加上松脆甜美的口感，决不辜负"少女酥胸"的美誉；细腻高冷的提拉米苏，略带的苦涩散尽后是无比香浓的口感，初到意大利的记忆被打开；用司康饼来演绎刻板的英国再合适不过，造型过于朴实很难被吸引，唯有入口那一刻你才会明白它身兼英式下午茶代表点心的伟大意义；还有厚实的黑森林，料多实在，口感超级好，简直就是以严谨闻名全球的德国的小小分身……

　　原来，小小的甜品已然成为全世界的甜蜜缩影，它们记录下每一个甜蜜瞬间，复刻出一场场动人时刻。热爱甜品的你，是不是已经按捺不住，有了吃遍全球的冲动？巴黎超人气餐厅L'Eclair de Génie以精美的手指饼干在巴黎餐饮界掀起甜品新风潮，没时间没精力飞跃半个地球去巴黎喂个鸽子，喝个下午茶，那就跟随我们的烘焙图书烤几块手指饼干，用烘焙铸就一片甜美的小世界吧。

肖静，现任 美食堂 杂志执行主编。

烘焙工坊
开张啦！

目录 | CONTENTS

第一章

黄油曲奇 2

新月香草酥饼 4

巧克力曲奇 6

全麦字符饼干 8

EMOJI饼干 10

钻石饼 12

布列塔尼小圆酥饼 14

猫头鹰饼干 16

糖心饼干 18

小浣熊饼干 20

第二章

低脂香蕉燕麦球 24

杏仁瓦片 26

抹茶双层乳酪条 28

抹茶双层乳酪条 28

果酱司康 30

焦糖布丁 32

无花果双层酥 34

手指饼干泡芙 36

巧克力奶油盅 38

抹茶蜜豆酥 40

马卡龙 42

目录 | CONTENTS

第三章

烤榛果费南雪 46

玛德琳 48

凤梨柠檬纸杯蛋糕 50

熔岩巧克力蛋糕 52

棒棒糖蛋糕 54

栗子蛋糕 56

缤纷玛芬 58

修女小蛋糕 60

椰香杯子蛋糕 62

多肉翻糖蛋糕 64

第四章

番茄青酱乳酪包 68

黑麦大列巴 70

帕尔玛乳酪面糊面包 72

腌黄瓜汁莳萝黑麦面包 74

五谷面包 76

奶酪丹麦 78

全麦贝果 80

玉米欧包 82

双味佛卡恰 84

新奥尔良法式面包 86

目录 | CONTENTS

第五章

蜜瓜挞 90

奥地利苹果馅饼 92

法式水果挞 94

焦糖核桃挞 96

蜜意抹茶派 98

草莓水果挞 100

火腿法式咸派 102

黄桃苹果派 104

南瓜馅饼 106

千层派 108

第六章

百果磅蛋糕 112

菠萝翻转蛋糕 114

抹茶卷 116

蒙布朗 118

香橙慕斯 120

红茶戚风蛋糕 122

纽约芝士蛋糕 124

浓情布朗尼蛋糕 126

杏仁雪梨蛋糕 128

巧克力夏洛特慕斯 130

你好，饼干！

    小时候上学，父母总会在我书包里放上一包饼干，后来渐渐长大，便也习惯了随身带一些小点心，不变的是主角还是饼干。说起来我的入门烘焙就是饼干，记得第一次揉面团的时候还各种别扭，对着沾满面团的双手一脸无奈，现在想来倒是有几分趣致。虽然后来也尝试过其他种类的烘焙，但最爱的始终还是饼干，不限做法，不拘于形状，酥松的曲奇、香脆的小甜饼、各种趣味造型的饼干，无一不是我的爱。即便知道饼干要放在烤盘上冷却变硬后风味才会更佳，却总也忍不住每次出炉都要偷吃那么一两块。待整盘都凉了之后，从烤盘中取出，堆到盘子里变成一座小山，光是这么看着也是满满的满足感。考究些的话会多做几个品种，然后找个漂亮的盒子装着，做成一个什锦饼干盒和朋友一起分享，更添乐趣。

饼干

黄油曲奇 ⏱40min 👥3人

如果你不会烘焙，那你就无法制作这纯手工曲奇，也就无法享用这独一无二的滋味，更无法享受与家人一同制作的快乐。

用料：

200克 低筋面粉
130克 动物黄油
35克 细砂糖
65克 糖粉
1个 鸡蛋
1/4茶匙 香草精

做法：

① 将黄油切成小块后室温软化，倒入糖粉、细砂糖，用打蛋器搅打至黄油变得蓬松、轻盈。

② 鸡蛋打散，分2-3次加入黄油中，并用打蛋器搅打均匀，每一次都要等黄油和蛋液完全混合后再加下一次。

③ 在打发好的黄油糊里滴入香草精，并搅拌均匀。

④ 将低筋面粉筛入黄油糊。用橡皮刮刀把面粉和黄油糊拌匀，成为均匀的曲奇面糊。

⑤ 曲奇面糊做好以后，就可以装入裱花袋，将曲奇面糊挤在烤盘上。

⑥ 把挤好的曲奇放进预热好的烤箱，190摄氏度烤10分钟左右至曲奇表面呈金黄色即可出炉。

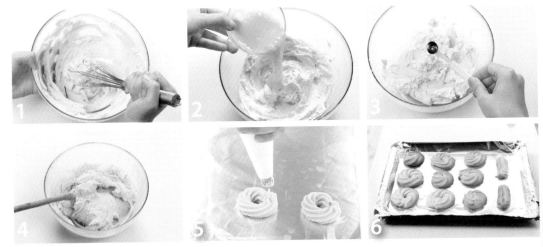

打发黄油糊时黄油必须与蛋液完
全混合，不出现分离的现象。这
样打发好的黄油才会呈现轻盈、
蓬松的质地。

新月香草酥饼

🕐 95min　👥 3人

酥饼表面轻轻撒上一层雪白的糖霜，
好似挂在夜空中的一轮皓月。

饼干

材料：

110克 总统淡味黄油
125克 低筋面粉
65克 杏仁粉
40克 细砂糖
1/2根 香草豆荚
1个 蛋黄
适量 盐

做法：

① 将总统淡味黄油切成2-3厘米见方的小粒。低筋面粉和杏仁粉混合后
   过筛，放入冰箱中冷藏。

② 切开香草豆荚，刮出香草籽。

③ 将香草籽和细砂糖混合，用手指揉搓制成香草糖。

④ 在盆中倒入冷藏过的低筋面粉和杏仁粉，放入总统淡味黄油粒，用刮
   刀快速搅拌混合。加入香草糖和盐，混合均匀后在中间挖一个小洞，
   加入蛋黄。将粉类归拢，充分混合，用掌心反复搓压，整理出一个顺
   滑的面团。将面团整理成5厘米宽、1厘米厚的长条状。放入冰箱冷藏
   1小时后取出，切成1厘米宽的条状。

⑤ 用掌心将其搓成条状，两端搓细，弯成新月状。

⑥ 放入170摄氏度的烤箱烤15分钟。烤好后趁热取出，在新月酥饼表面
   筛上香草糖即可。

饼干

巧克力曲奇 ⏱ 80min 👥 3人

平淡无奇的生活总需要人为加点调味料，而象征着甜蜜的巧克力，更能为生活耍点小情调。

用料：

2个 鸡蛋

50克 细砂糖

200克 低筋面粉

20克 可可粉

100克 红糖

125克 黄油

1茶匙 小苏打

80克 黑巧克力、白巧克力

做法：

① 黄油在室温中放置20分钟至软化，切成小块放入一个大碗中。将细砂糖和红糖也倒入碗中，与黄油一起用打蛋器打至糊状。

② 把蛋黄与蛋白分离，将蛋黄倒入黄油糊中，蛋白备用。用打蛋器将蛋黄与之前的糊状物一同搅打。

③ 低筋面粉、可可粉和小苏打过筛并加入黄油糊中，再用橡皮刮刀将它们搅拌均匀。放入蛋白，将大碗中的所有原料搅拌均匀，形成略干的面糊。

④ 白巧克力和黑巧克力分别用刀切成大小相似的小碎块，将一半的白巧克力和黑巧克力碎混合，倒入之前的面糊中，再次用橡皮刮刀搅拌均匀。

⑤ 在砧板上均匀地撒少许面粉，将面团移至其上，用手将面团整成圆柱形长条。用保鲜膜包住后，放入冰箱冷藏室中放置20分钟，使面团定型。取出后切成厚度约为2厘米的块状，并放在铺了烘焙纸的烤盘上。

⑥ 把剩下的巧克力碎混合后按在小面团上。把烤箱预热至170摄氏度，将烤盘放入烤箱，烘烤约20分钟。

7

Tips

将生的饼干坯放到烤盘上的时候记得每块之间留些空间，因为经过高温烤制后饼干会有个膨胀的过程。

饼干

全麦字符饼干 ⏱ 35min 👥 2人

如果要问全麦饼干和字符表情有什么共同点?
那就是——简单。

用料:

60克 低筋面粉

60克 全麦粉

3克 盐

2汤匙 油

2汤匙 糖浆

做法:

① 低筋面粉、全麦粉和盐放入盆中混合均匀后, 将油倒入盆中。

② 充分搅拌后, 用双手掌将原料搓散, 向混合物中加入糖浆。

③ 用手将其混合成面团。

④ 把面团擀成1厘米厚的面片。

⑤ 用直径5厘米的模具压在面片上。

⑥ 用竹签在饼干坯表面画出表情。将饼干坯放入预热170摄氏度的烤箱烘烤15分钟即可。

Tips

加油混合后的粉类要尽量搅
匀一些，这样烤出来的饼干
会更加松脆。

饼干

EMOJI饼干   🕐 50min   👥 4人

当巧克力饼干遇到Emoji表情，一切都变得不一样了。

用料：

125克 低筋面粉
60克 黄油
25毫升 鲜奶油
3克 盐
80克 糖粉
适量 黑巧克力、
    白巧克力、
    食用色素

做法：

① 黄油室温下软化，加入糖粉和盐。用电动打蛋器搅拌均匀后，倒入鲜奶油继续搅拌。

② 筛入低筋面粉混合均匀，用手将其整理成面团。

③ 用擀面杖将面团擀成2.5毫米厚的面片。将直径5厘米的模具压在面片上并去除多余部分。

④ 将饼干坯放入预热170摄氏度的烤箱烤10 – 15分钟，烤好后取出冷却。

⑤ 黑、白巧克力分别隔水融化。将融化后的白巧克力分成几份，加入食用色素并搅拌均匀。

⑥ 在冷却的饼干上用彩色巧克力酱画出Emoji表情即可。

钻石饼 ⏱ 45min 👤 3人

闪闪钻石惹人爱，饼干边上的砂糖同样
惹人喜爱，让人食指大动。

饼干

用料：

120克 总统淡味黄油

70克 糖粉

1/2茶匙 盐

20毫升 总统淡奶油

160克 低筋面粉

10克 可可粉

适量 蛋清、细砂糖

做法：

① 总统淡味黄油室温软化，用打蛋器打成乳霜状后加入糖粉，混合均匀后加盐。

② 分三次倒入总统淡奶油，混合均匀。

③ 筛入低筋面粉，揉成面团后分成两份，其中一份加入可可粉。

④ 将面团用掌心揉搓成直径3厘米的长条状。用保鲜膜将两团面团分别包起来，放入冰箱冷藏。

⑤ 在面团表面涂上蛋清，放在细砂糖中来回滚动，使面团整体裹上细砂糖。

⑥ 将面团切成1厘米厚的片，放在铺有烤纸的烤盘上，并在中间用手指轻轻按压，放入170摄氏度的烤箱烘烤20分钟即可。

Tips

总统淡味黄油
法国进口的总统黄油是典型的发酵黄油，相比普通黄油，其奶香更浓郁，质地更柔软，入口绵滑。除了可以直接食用外，更是高品质的烘焙用料。

饼干

布列塔尼小圆酥饼

🕐 35min 👥 3人

只需吃上一小块布列塔尼小圆酥饼, 你一定会禁不住
感叹: 黄油真是这世界上最美好的存在。

用料:

120克 低筋面粉、黄油

80克 糖粉

少许 泡打粉

1个 蛋黄

2滴 香草精

10毫升 朗姆酒

适量 全蛋液

做法:

① 黄油切成小块, 在室温下放软后加糖粉拌匀, 然后加入香草精拌匀。

② 加入蛋黄和朗姆酒用电动打蛋器混合均匀。

③ 过筛泡打粉和低筋面粉, 并用橡皮刮刀翻拌均匀, 然后用手整理成面团。

④ 将面团用擀面杖擀成约1厘米厚的面饼, 然后用圆形模具压制, 将压好的小圆面饼码在垫了烘焙纸的烤盘中。

⑤ 在面饼表面用刀画出纹路。

⑥ 在面饼表面刷上一层全蛋液, 放入预热180摄氏度的烤箱烤15分钟左右, 至表面上色即可。

这款酥饼极易上色，可先烤制几分钟再取出刷蛋液，以免酥饼表面上色过深。刷蛋液时宜少不宜多，蛋液过多会影响酥饼表面的纹路。刚出炉的酥饼口感一般，但是放凉以后会变得非常酥脆。

猫头鹰饼干　🕐 60min 👥 3人

早上一杯牛奶，配上一块猫头鹰饼干，牛奶的醇香和
饼干的茶味，是一整天好心情的美好开端。

用料：

155克 低筋面粉

90克 无盐黄油

50克 糖粉

少许 盐

20克 蛋液

5克 抹茶粉

适量 黑巧克力

10颗 杏仁

做法：

1. 黄油在室温中软化后加入糖粉和盐打发至体积变大、颜色变浅，将蛋液分三次加入并搅打均匀，然后筛入150克低筋面粉，用手揉成光滑的面团。5颗杏仁用擀面杖擀成杏仁碎备用。

2. 取1/2面团加入抹茶粉揉匀，剩余面团加入剩余低筋面粉揉匀。

3. 在原味面团和抹茶面团正反两面各放一张烘焙纸，隔着烘焙纸用擀面杖把面团压成厚薄均匀的面皮。

4. 用自制模具分别压出猫头鹰的身体、脸和脚部分，并用牙签修饰边角不平整的地方。

5. 将猫头鹰的身体部分放入垫有烘焙纸的烤盘，并将脸和脚粘到身体上压平，在连接处抹上一点蛋液。在树枝部分刷一层蛋液并撒上一层杏仁碎。

6. 饼干放入预热120摄氏度的烤箱烤25分钟出炉，晾凉后用融化的黑巧克力画上眼睛、胡子和爪子，将剩余5颗杏仁对半切开，刷一点黑巧克力酱以后粘在脸上作嘴装饰即可。

饼干在烘烤之前很容易变形，为
防止放入烤盘的过程中烟头或身
体变形，可将擀面团时垫的烘焙
纸直接放入烤盘中。模具压过的
边角料可以继续擀平使用。

糖心饼干 🕐 30min 👥 4人

烘焙饼干是件讨喜的活儿: 简单、好吃, 又好玩。这糖心饼干就是玩造型的时刻, 将透明的或多彩的心安在喜欢的形状里吧。

用料:

100克 低筋面粉

40克 糖粉

20克 鸡蛋液

50克 黄油

1/4茶匙 盐

1/4茶匙 香草精 (可不加)

适量 各色硬糖

做法:

① 将黄油切小块后, 软化 (天气较冷时室温软化较慢, 可将其放入微波炉内, 低火加热几十秒)。筛入糖粉, 用手动打蛋器打至蓬松、颜色变淡。

② 分两次加入鸡蛋液, 搅打使两者完全融合, 不要出现分离的状态。然后滴入香草精, 加入盐, 筛入低筋面粉。

③ 用刮刀翻拌至完全混合均匀, 然后用手揉成面团 (天气热或者面团湿的话, 可以放入冰箱冷藏半小时)。

④ 在砧板和擀面杖上撒一些面粉防粘, 将面团擀成厚薄均匀的面皮。

⑤ 用模具在面皮上刻出自己想要的图形, 然后用较小的模具 (没有的话, 可以用裱花嘴) 在中间刻出镂空。

⑥ 在烤盘上垫一层烘焙纸, 将面皮按一定间隔排列好。同色的水果硬糖放入保鲜袋中, 用刀拍碎, 取适量放入面皮空心处。烤盘放在预热好的烤箱中层, 180摄氏度烤10分钟左右。取出后, 待糖果心凝固即可。

Tips

糖果的量可以比对空心与糖果本身的大小，太少填不满空心，太多则会溢出。烤饼干的温度不宜太高，否则许多硬糖的颜色会烤成金黄。

饼干

小浣熊饼干　⏱60min　👥3人

干脆面君的蠢萌形象真的少有人可以抵挡，咖啡味的
干脆面君，想尝一块吗？

用料：

150克 低筋面粉

90克 黄油

50克 糖粉

少许 盐、白芝麻

20克 蛋液

5克 速溶咖啡粉

适量 黑巧克力

5颗 葡萄干

做法：

① 黄油在室温中软化后加糖粉和盐打发至体积变大、颜色变浅。

② 蛋液分三次加入打发的黄油并搅打均匀，筛入低筋面粉揉成光滑的面团，取一半的面团与速溶咖啡粉揉匀。

③ 在原味面团和咖啡面团正反两面各放一张烘焙纸，隔着烘焙纸用擀面杖把面团压成厚薄均匀的面皮。

④ 用自制模具分别压出小浣熊的身体和肚子部分，并小心刮去边角料。

⑤ 将小浣熊的身体部分放入垫有烘焙纸的烤盘中，并将肚子粘到身体上压平，粘不稳的话可在连接处抹上一点蛋液。

⑥ 小浣熊饼干放入预热120摄氏度的烤箱烤25分钟出炉，晾凉后用融化的黑巧克力画上眼睛、鼻子、手和肚脐眼，最后粘上刷过黑巧克力酱的葡萄干和白芝麻装饰即可。

Tips

饼干的模具可以自己制作，先按
个人喜好画好图纸（图纸大小与
成品大小为1:1），然后将厚易
拉罐剪开，按照图纸的样子折，
收尾处可两头分别向内翻折扣
在一起，也可以直接用透明胶固
定，但在制作模具的过程中一定
要注意手不要被易拉罐划伤。

温暖小茶点

　　一缕阳光从窗帘的缝隙中斜射入房，在地板上拉出一道长长的影子，突然好想要约会一场下午茶。懒洋洋地从沙发上起身，在茶壶中放上几撮红茶叶，烧上一壶水。翻开我的烘焙书，准备好所有的材料开始制作。差不多时间开始预热烤箱，水壶内的水开始沸腾，水汽氤氲，室内的温度也跟着慢慢上升。将沸水倒入茶壶中，叶子在壶内舒展开来，茶叶的颜色也一丝一缕渗透到水中。茶点也差不多制作完成了，只差最后送入烤箱。打开烤箱的门，再合上，设定好时间。还可以慢慢挑选盛器，叮一声之后，将烤好的小东西取出，稍加处理后装盘作最后的装饰。红茶的温度也降了一些下来，变得适宜入口了。将红茶和茶点端到桌上，以最舒适的姿势坐在椅子上，或者躺上沙发，一口甜蜜，一丝浓醇，这就是下午茶时光该有的轻松自在啊。

茶点

低脂香蕉燕麦球

🕐 40min 👥 2人

软甜的香蕉加入了有嚼劲的燕麦片，健康又美味的小零食
会是你的常备款。

用料：

2根 香蕉

100克 燕麦片

1个 柠檬

50克 葵花子

6克 红糖

2克 肉桂粉

做法：

① 香蕉去皮切成小块，放入料理机中打成香蕉泥。将柠檬对半切开，挤出
柠檬汁备用。

② 将燕麦片、红糖、肉桂粉放入香蕉泥中，放入适量柠檬汁。

③ 将混合物搅拌均匀，可加入适量燕麦片调节混合物的干湿。

④ 葵花子去壳，取果仁切碎。将葵花子碎放入混合物中，混合均匀。

⑤ 烤盘上放上烘焙纸，用勺子将混合物舀出后揉成小球，铺在烘焙纸上。

⑥ 烤箱预热180摄氏度，放入烤盘烤15~20分钟至燕麦球表面金黄。从烤
箱中取出燕麦球，晾凉后密封保存即可。

Tips

香蕉营养丰富，对治疗高血压有一定的疗效，而燕麦片可以帮助肠道运动，预防便秘。这些健康食材制作的烘焙美味，是送给父母的好选择。

25

杏仁瓦片

🕐 45min 👥 3人

由于形状弯曲似瓦片而得名，松脆香甜，不经意间可能
就消灭掉一个屋顶了。

用料：

30克 低筋面粉

75克 细砂糖

60克 蛋清

25克 总统淡味黄油

75克 杏仁片

适量 盐、香草精

做法：

① 低筋面粉过筛，总统淡味黄油隔水融化。

② 将低筋面粉、盐和细砂糖混合均匀。在中间挖一个坑，加入蛋清，用打蛋器搅拌均匀。

③ 加入香草精和融化的总统淡味黄油搅拌均匀。

④ 加入杏仁片，用刮刀慢慢搅拌。盖上保鲜膜，放入冰箱冷藏20分钟。

⑤ 用汤匙盛1/4匙的面糊，放在铺有烤纸的烤盘上，再压成直径7厘米左右的圆片。放入180摄氏度的烤箱烤10~15分钟。

⑥ 烘烤完马上取出，趁热放在擀面杖上制作出弧度并冷却。

Tips

总统淡味黄油
法国进口的总统黄油是典型的发酵黄油，相比普通黄油，其奶香更浓郁，质地更柔软，入口绵滑。除了可以直接食用外，更是高品质的烘焙用料。

茶点

抹茶双层乳酪条

⏰ 70min 👥 5人

吃腻了传统的cheese cake, 还不快来换换口味？一层抹茶一层芝士，一口微苦一口轻酸，再夹一层甜美的葡萄干，怎么吃都不过瘾。

用料：

240克 奶油奶酪

75克 细砂糖

2个 鸡蛋

180克 酸奶

30克 低筋面粉

5克 抹茶粉

10克 葡萄干

做法：

❶ 分离蛋白蛋黄备用。奶油奶酪在室温中放软，加入50克细砂糖，搅拌至顺滑软绵状，再加入蛋黄和酸奶，继续搅拌均匀。

❷ 将蛋白打发至湿性发泡。打发蛋白的过程中，将剩下的细砂糖分成两份，分别在蛋白形成鱼眼泡时和蛋白糊表面出现纹路时加入。

❸ 打好的蛋白霜分成三份，第一份加入奶油奶酪混合物中翻拌，筛入低筋面粉并翻拌均匀。然后分两次加入剩余蛋白霜并翻拌均匀。

❹ 将奶酪糊分成两份，一半倒入铺好锡纸的模具（20厘米×10厘米）中并抹平表面，放入预热175摄氏度的烤箱中烤20分钟。

❺ 烘烤原味奶酪糊的同时，在剩余一半奶酪糊中筛入抹茶粉，翻拌均匀至无干粉状态，即制成抹茶奶酪糊。

❻ 原味奶酪糊烤好后取出，撒上一些葡萄干。趁热在原味奶酪糊中倒入抹茶奶酪糊并抹平表面，放入预热175摄氏度的烤箱中烤30分钟后取出放凉，最后热刀切条即可。

茶点

果酱司康

🕐 65min 👥 4人

英国热席卷全球，当然要把英伦腔贯彻到底，那老牌资本主义的经典司康，我们又岂能错过？

用料：

200克 中筋面粉

60克 白糖

1茶匙 盐

80毫升 牛奶

1茶匙 泡打粉

1/2茶匙 小苏打

90克 黄油

2茶匙 柠檬汁

1个 鸡蛋

做法：

1. 中筋面粉和泡打粉、小苏打、盐、白糖混合过筛。黄油无需在室温中软化，立刻切成小块，放入混合的面粉中。

2. 用手揉搓面粉，至黄油与面粉完全混合均匀，呈粗玉米粉的粗屑状态。

3. 牛奶中加2茶匙柠檬汁，静置15分钟。略微凝结之后就可以倒入面粉混合物中，轻轻团成面团。把面团从盆里拿出来，放到撒了面粉的桌面，轻轻整成形。

4. 擀面杖上扑点面粉，把面团擀成约2.5厘米厚的面片。用直径约5厘米的圆形切模切出圆面饼。用拇指在司康中间按入，几乎按到司康底部。

5. 在烤盘上铺好锡纸，在锡纸上用黄油轻轻涂上一层。将切好的圆面饼挨个儿排入涂过黄油的烤盘。

6. 将鸡蛋打散，在司康表面用刷子刷一层蛋液，这样能让烤出的司康表面更加金黄诱人。放入预热至200摄氏度的烤箱，烤15分钟左右，至表面金黄色即可，可用牙签测试一下是否烤透，取出来后放到架子上，等冷了就可以吃了。挑选你最喜欢的果酱口味，将它填入按出的小孔中，果酱司康就做好了。

黄油无需在室温中软
化，保证黄油的冷冻
是制作司康过程中非
常重要的环节。

31

焦糖布丁　🕐 35min　👥 3人

香甜柔嫩的焦糖布丁，入口即化，做起来也很是快捷，
不过消灭的速度应该更快！

用料：

150克 细砂糖

30毫升 温水

250毫升 兰特全脂牛奶

1/3根 香草豆荚

2个 鸡蛋

适量 香草精

① 小火烧热锅子，分3次倒入100克细砂糖，等整体上色，底部产生小气泡
时熄火。加入30毫升温水，轻轻摇晃锅，使整体融合在一起。

② 将热焦糖倒入布丁模中。

③ 用小刀切开香草豆荚，刮出香草籽。将兰特全脂牛奶、香草豆荚和香草
籽倒入锅中，加热到快沸腾的程度。

④ 鸡蛋打散后加入剩余细砂糖，用打蛋器搅拌至细砂糖融化。将兰特全脂
牛奶慢慢倒入蛋液中，用打蛋器轻轻搅拌均匀后用滤网过滤。

⑤ 加入香草精搅拌均匀。待焦糖浆冷却后，将布丁糊慢慢倒入布丁模中。

⑥ 向烤盘中注入60摄氏度的热水至布丁模一半高度，放入烤箱170摄氏度烤
20分钟。取出布丁室温冷却，包上保鲜膜放入冰箱冷藏即可。

tips

兰特全脂牛奶
兰特是法国领先的液态奶品
牌，享誉市场超过40年。
兰特牛奶产自法国黄金产
奶区——布列塔尼地区，
100%法国原装进口，由纯
牛奶制成，口感香浓，富
含钙质。

茶点

无花果双层酥

🕐 75min　👥 5人

软糯的无花果层刚好和酥脆的黄油饼底配成一对，让你的
舌尖体验更丰富。

用料：

90克 低筋面粉

4克 可可粉

60克 黄油

15克 细砂糖

100克 无花果干

150毫升 水

做法：

❶ 将无花果干和水放入小锅中，加热至沸腾后转小火煮20分钟左右至无花
果软烂。用料理机将无花果馅料搅打成泥，继续加热至浓稠。

❷ 在熬制无花果馅料的同时制作饼底：将室温中软化的黄油加细砂糖，用
电动打蛋器打发。

❸ 将低筋面粉和可可粉一起过筛进混合物中。

❹ 用橡皮刮刀由下至上翻拌混合物，至无干粉状态。

❺ 将饼底面糊放入铺有烘焙纸的方形（12厘米 X 12厘米）烤碗中压平，放
入预热170摄氏度的烤箱烤20分钟左右。

❻ 在饼底上铺一层熬好的无花果馅料，放入预热150摄氏度的烤箱烤15分
钟，取出切块即可。

Tips

无花果干本身糖分较多，熬煮时
不用再加糖。另外，馅料一定要熬
煮到非常黏稠的程度，不然会影
响切块。刚烤好的无花果双层酥
无花果层较软、饼底层易散，不方
便切块，可以先放入冰箱冷藏过
夜或冷冻数小时后再取出切块。

35

茶点

手指饼干泡芙 ⏱ 70min 👥 3人

将法式泡芙和手指饼干结合在一起的独特创意，使得巴黎的
L`Eclair de Génie在巴黎餐饮界脱颖而出。

用料：

100克 面粉

560毫升 牛奶

80克 白砂糖

50克 黄油

15克 可可粉、奶油奶酪、奶油

20克 黑巧克力碎、淀粉

4个 鸡蛋

6个 蛋黄

1茶匙 盐

适量 草莓、香草精

做法：

❶ 草莓洗净切块。锅内放入60毫升牛奶、5克白砂糖、盐、黄油和适量清水搅匀煮沸。

❷ 关火倒入面粉，用木勺快速搅拌制成面团，再次开火加热面团约1分钟后关火放凉。

❸ 待面团不烫手时，将鸡蛋打散，分多次倒入面团中搅拌均匀制成面糊。

❹ 将面糊装入裱花袋中搁置5分钟，待面糊在裱花袋中略显黏稠后，在放有烘焙纸的烤盘上挤成长条状，每条约15厘米，再放入预热170摄氏度的烤箱烘烤30-35分钟制成手指泡芙。

❺ 锅中倒入剩余牛奶烧热，加香草精搅匀制成香草牛奶。剩余白砂糖与蛋黄、淀粉混合搅匀，倒入香草牛奶中，再次开火加热并不断搅拌至其呈奶冻状后关火，放入可可粉和黑巧克力碎搅匀做成内馅。用裱花嘴在手指泡芙底部印三个洞，将内馅倒入裱花袋中，挤入手指泡芙。

❻ 将奶油和奶油奶酪混合均匀后装入裱花袋中，挤在处理好的手指泡芙表面，最后加以草莓块装饰即可。

Tips

烤泡芙的时候，中途千万
不要打开烤箱门。

巧克力奶油畺

⏱ 35min 👤 3人

浓醇的巧克力慕斯缓缓融化在口中，巧克力略带苦涩的
回味更显迷人。

茶点

用料：

75克 牛奶巧克力
100毫升 总统淡奶油
2个 蛋黄
15克 细砂糖
150毫升 兰特全脂牛奶
适量 巧克力刨花

做法：

1　牛奶巧克力切碎。
2　总统淡奶油加热，倒入牛奶巧克力碎中，用刮刀从中心慢慢混合，搅拌至巧克力完全融化，顺滑有光泽。
3　另取一盆，放入蛋黄和细砂糖，用打蛋器充分混合。
4　兰特全脂牛奶加热至沸腾后关火。
5　将热牛奶倒入融化的牛奶巧克力中搅拌均匀，倒入蛋液中充分混合。
6　将混合溶液倒入耐热容器中至六七分满，放入烤箱160摄氏度隔水加热25分钟。巧克力奶油盅室温冷却后放入冰箱冰镇，表面撒上巧克力刨花做装饰。

Tips

兰特全脂牛奶
兰特是法国领先的液态奶品牌，享誉市场超过40年。兰特牛奶产自法国黄金产奶区——布列塔尼地区，100%法国原装进口，由纯牛奶制成，口感香浓，富含钙质。

茶点

抹茶蜜豆酥 ⏱90min 👥6人

都知千金易得，知音难觅，当抹茶遇上了蜜豆，夫复何求?

用料：

油皮：

100克 中筋面粉

5克 抹茶粉

10克 白砂糖

30克 猪油

50毫升 水

油酥：

100克 中筋面粉

35克 猪油

馅料：

适量 红豆沙

做法：

1. 将制作油皮的中筋面粉、抹茶粉、白砂糖、猪油和水混合均匀揉成面团，盖上湿布放在一旁静置。用于制作油酥的中筋面粉和猪油也混合均匀，揉成面团静置。

2. 将油皮和油酥面团分别用擀面杖擀成面皮。

3. 用油皮包住油酥卷起，收口朝上，然后用擀面杖擀开，卷起后用保鲜膜覆盖静置几分钟，再次擀开。

4. 将擀好的面皮再卷起，收口朝下，盖上保鲜膜静置20分钟左右。

5. 静置好的面团分成24份，切口朝上，擀成厚度均匀的圆形。将面皮翻个面，在里面包入红豆沙馅，并用虎口收口后搓揉成球形，整好形后码在烤盘上。

6. 全部做好后，用保鲜膜覆盖静置20分钟，放入预热180摄氏度的烤箱烤20分钟左右即可。

41

马卡龙 ⏱ 65min 👥 3人

圆形小巧的甜点，呈现出丰富的口感，是法国西部维埃纳省
最具地方特色的美食。

sweet

Tips

杏仁粉的质量很重要，要由纯大
杏仁磨出，放入食品处理机打得
粉末越细越好。只有细腻的杏仁
糖粉才可以做出表面光滑的马卡
龙小姐哦！

用料：

35克　杏仁粉

35克　糖粉

35克　蛋白（约1个鸡蛋的蛋白）

15克　细砂糖

做法：

① 将杏仁粉和糖粉混合，将混合粉末放入食品处理机打2分钟，让粉末越细越好。将磨好的杏仁粉、糖粉混合粉末过筛。

② 打发蛋白时，将细砂糖分3次放入，打到蛋白能拉出一个直立的尖角。

③ 将混合过筛后的杏仁糖粉倒入打发好的蛋白霜里。用橡皮刮刀从底部往上翻拌，使粉类和蛋白霜完全混合均匀。不断翻拌，直到马卡龙糊表面光滑，提起刮刀后，马卡龙糊呈丝带状往下飘落，马卡龙糊表面花纹大概10秒钟消失。

④ 将马卡龙糊装进裱花袋，准备一块硅胶垫或马卡龙专用的模具。

⑤ 在硅胶垫上挤出2–3厘米的圆形。

⑥ 烤箱预热180摄氏度，中层烤5–7分钟，待马卡龙裙边出现并大概稳定，将烤盘移至下层，130摄氏度继续烤约15分钟即可。

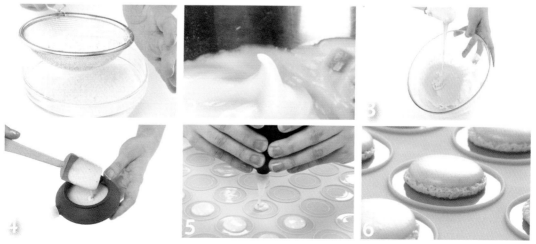

小蛋糕成长记

有人说：丝滑可口的巧克力象征着爱情的滋味。那么，甜蜜松软的小蛋糕呢？是含苞待放的少女情怀，还是欲语还休的深情款款？抛却那些极具少女风的可爱外形，细细品味它的甜美，也许那曾经天真烂漫的少女梦就蕴含在这方寸的松软之间。

清闲的周末，懒懒地赖在家中，打开紧闭的窗门，陶醉于大自然的鸟语花香。惬意的慢生活最适合美味的小蛋糕相伴，轻轻一口，曾经傻傻的甜蜜一涌而出。甜美的羞涩、扑通扑通按捺不住的心跳、极力掩盖的欢欣雀跃、苦苦的眼泪滋味……一切就像手中这一方小小的蛋糕一般，不多不少，但又刚刚好。比起充满庆祝氛围的大蛋糕，这一方松软更像是凝聚了一个人的甜美回忆，如梦如醉。

小蛋糕

烤榛果费南雪 ⏱ 40min 👥 3人

香气四溢的烤榛果费南雪加上一杯清咖,便是一段美好午后时光。

用料:

115克 蛋清

110克 细砂糖

80克 无盐黄油

40克 低筋面粉

35克 杏仁粉

10克 榛子粉、蜂蜜

少许 泡打粉

做法:

① 将无盐黄油放在锅中,开火熬煮至产生大量绵密的泡沫后关火,将锅放入凉水盆使其迅速降温,然后用滤纸滤去杂质。

② 在烤盘中铺一张锡纸,放入榛子粉,入烤箱190摄氏度烘烤出香味。将烤好的榛子粉、杏仁粉、低筋面粉、泡打粉和细砂糖混合均匀并反复过筛。在过好筛的粉类混合物中加入一半蛋清,用橡皮刮刀翻拌均匀。

③ 倒入蜂蜜翻拌均匀。

④ 剩下的蛋清再分两次加到混合物中,并用橡皮刮刀翻拌均匀。

⑤ 加入冷却后的焦黄油翻拌均匀,制成费南雪糊。

⑥ 将拌好的费南雪糊倒入费南雪模具中,放入预热190摄氏度的烤箱烤12分钟左右,至表皮微焦、表面上色即可。

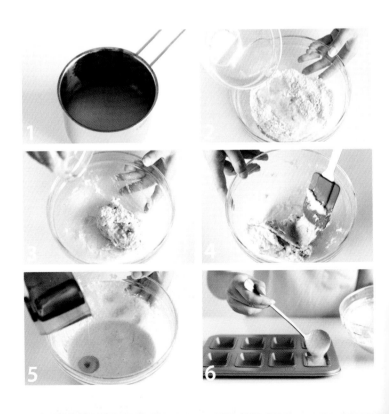

1.很多蛋糕的制作只需要蛋黄，费南雪可以
轻松消灭剩余的蛋清而不浪费。
2.熬焦黄油的时候要不时搅拌，以防糊底。
3.如果使用硅胶模，只需放入冰箱冷藏即可
轻松脱模；如果是金属模具，可以在倒入费
南雪糊前在模具内壁抹抹融化的黄油或撒低
筋面粉，烤好后用小刀将边缘划开也是一种
方法。

小蛋糕

玛德琳 ⏱ 45min 👥 2人

玛德琳像一位丰满的法国妇人，总透着一丝捉摸不透的性感。

用料：

50克 低筋面粉
50克 无盐黄油
50克 细砂糖
1/4个 柠檬皮屑
1个 鸡蛋
1.5克 泡打粉
少许 香草精
1/2茶匙 盐
少许 糖霜

做法：

① 鸡蛋放置到室温打散后，加细砂糖完全混合均匀，不要将鸡蛋混合液打发。

② 蛋液中加入柠檬皮屑和香草精，搅拌均匀。

③ 倒入过筛后的低筋面粉、泡打粉和盐，继续搅拌，直到混合物呈浓稠的泥状。

④ 把无盐黄油加热至融化，趁热倒入面糊中，再次用打蛋器搅拌均匀。搅拌到混合物呈光滑的泥状后，放入冰箱冷藏。

⑤ 在模具里薄薄地涂一层融化的黄油。

⑥ 将凝固的面糊取出，放置片刻恢复到可流动的状态，装入裱花袋后挤入玛德琳模具，约九成满。将模具放入预热好的烤箱，上下火180摄氏度烤13分钟。将烤好的玛德琳趁热脱模，冷却后可撒少许糖霜。

小蛋糕

凤梨柠檬纸杯蛋糕

🕐 70min 👥 4人

烘烤过的凤梨片经过塑形之后就如同盛开的向日葵，
加上微酸的柠檬奶油，叫人无法拒绝。

用料：

225克 低筋面粉
1个 凤梨
1个 柠檬
100克 糖粉
30克 黄油
100毫升 油
2茶匙 泡打粉
1个 鸡蛋
250毫升 牛奶
70毫升 鲜奶油
2克 盐

做法：

① 鸡蛋分离蛋黄和蛋白。黄油室温下软化，加入蛋黄、油和20克糖粉，用打蛋器画圈搅拌，加入牛奶混合均匀。用电动打蛋器高速打发蛋白，打到起粗泡后，分三次加入60克糖粉，打至蓬松柔软后用打蛋器手动打发，制作出坚挺的蛋白霜。

② 在蛋黄糊中盛入一刮刀蛋白霜，用打蛋器充分混合，然后全部倒回蛋白霜中，用橡皮刮刀轻快地从盆底往上翻拌，直到几乎看不出蛋白霜的痕迹为止。

③ 将低筋面粉和泡打粉混合过筛后倒入盆中，加盐，用打蛋器搅拌至没有结块。将蛋糕糊倒入纸杯中七八分满，放入预热至180摄氏度的烤箱中，烘烤20~25分钟后取出冷却。

④ 凤梨切薄片，将其放入180摄氏度的烤箱中烘烤15分钟左右至水分烘干。

⑤ 取出凤梨片，放入有弧度的模具中冷却定型。柠檬对半切开取汁备用。

⑥ 将剩余糖粉和柠檬汁加入鲜奶油中打发至八成后装入裱花袋，挤在冷却的纸杯蛋糕表面，最后在上面装饰凤梨片即可。

Tips

在鲜奶油中加入柠檬汁，除了
成品会有柠檬清香的味道，还
有助于鲜奶油打发定型。

HERB GARDEN

熔岩巧克力蛋糕　🕐 50min　👥 3人

用叉子破开熔岩蛋糕的瞬间，巧克力酱就像火山喷发之势从内
里流出，还没来得及品尝，已经享受了一番感官盛宴。

用料：

200克　黑巧克力
70克　总统淡味黄油
4个　鸡蛋
70克　细砂糖
50克　低筋面粉

做法：

1. 隔水融化黑巧克力。将融化的黑巧克力倒入总统淡味
   黄油中。
2. 将细砂糖和蛋液混合，搅打至蛋液发白、产生泡沫。
3. 将蛋液倒入冷却的黑巧克力酱中搅拌均匀。
4. 将低筋面粉筛入混合物中。
5. 用刮刀将其混合均匀，放入冰箱冷藏半小时。
6. 将面糊倒入模具中，放入烤箱190摄氏度烘烤7分钟。

Tips

总统淡味黄油
法国进口的总统黄油是典型的
发酵黄油，相比普通黄油，其
奶香更浓郁、质地更柔软、入
口绵滑。除了可以直接食用
外，更是高品质
的烘焙用料。

PRÉSIDENT

棒棒糖蛋糕

⏱ 40min 👥 4人

既有棒棒糖华丽的外表，又有蛋糕松软的口感，吃上
一口，惊喜到仿佛可以蹦进云层里！

用料：

60克 低筋面粉

1克 苏打粉、香草香精

50克 糖粉

20克 黄油

2个 鸡蛋

100克 白巧克力

适量 巧克力食用色素

做法：

① 黄油提前在室温下软化，鸡蛋打入黄油中搅拌均匀。糖粉倒入碗中，与黄油混合均匀。烤箱预热170摄氏度。将苏打粉、香草香精、低筋面粉混合过筛后倒入混合物中。

② 将混合物搅拌均匀，用勺子把混合面糊装入裱花袋中。

③ 面糊挤入模具，盖上盖子，放入烤箱烤15-20分钟。

④ 取出蛋糕后放置一边脱模冷却。白巧克力隔温水融化，将融化的白巧克力酱分成几份，分别加入不同颜色的巧克力食用色素。

⑤ 用彩色木棒插入冷却的蛋糕中，将蛋糕分别用不同颜色的巧克力酱在表层涂抹均匀。

⑥ 剩余巧克力酱装入裱花袋，待蛋糕上的巧克力酱凝固后，用巧克力酱绘出各种花纹即可。

Tips

棒棒糖蛋糕的蛋糕底可以用模具进行烤制，也可任选自己喜欢的蛋糕模成碎末，加入奶酪，用手捏成球形。

小蛋糕

栗子蛋糕 ⏱70min 👥4人

栗子的清香与奶油的香甜相融，细腻柔滑的美味让人赞不绝口。

用料:

200克 栗子

60克 低筋面粉

3个 鸡蛋

35毫升 玉米油

35毫升 牛奶

130克 淡奶油

70克 糖粉

1克 泡打粉

20克 黄油

做法:

① 栗子和黄油放入搅拌机，搅打成栗子泥。

② 将低筋面粉过筛，加入泡打粉混合均匀。将蛋白与蛋黄分离，把10克糖粉加入蛋黄中，搅拌融化。

③ 将100克栗子泥加入蛋黄混合液中搅拌均匀。玉米油和牛奶倒入混合栗子泥中，并分次加入混合面粉，搅拌均匀。

④ 将蛋白打发，50克糖粉分三次加入打发至蛋白挺立，将1/3蛋白霜加入面糊中搅拌均匀。烤箱预热170摄氏度。

⑤ 将面糊倒入剩余的蛋白霜中，继续搅拌均匀。搅拌好的面糊倒入模具中，放入烤箱中170摄氏度烤50分钟。

⑥ 100克栗子泥加30克淡奶油搅拌均匀，剩余淡奶油加10克糖粉打发。栗子奶油和鲜奶油分别装入裱花袋。从烤箱中取出蛋糕，放凉后脱模，最后在蛋糕上挤出栗子奶油和鲜奶油装饰即可。

Tips

纯栗子泥口感较干，在搅打时使用黄油可以使栗子泥更细腻。也可根据自己的喜好加入少许滚水或牛奶。

小蛋糕

缤纷玛芬 🕐 35min 👥 4人

各种不同颜色、不同形态巧克力的运用组成了一篇巧克力的协奏曲。

用料:

150克 低筋面粉

40克 可可粉

5克 发酵粉

3克 小苏打

85克 糖粉

4个 鸡蛋

3克 盐

80毫升 牛奶

100毫升 橄榄油

50克 黑、白巧克力

适量 彩色巧克力粒

做法:

① 鸡蛋打入碗中,加入过筛后的低筋面粉和盐、糖粉搅拌均匀。

② 将发酵粉和小苏打加入混合物。

③ 加入橄榄油和牛奶,搅拌均匀。

④ 将可可粉倒入混合物中,搅拌至可可粉均匀融入混合物。

⑤ 烤箱预热200摄氏度,将混合物倒入裱花袋里,再注入模具中约七分满。烤盘放入烤箱烘烤20分钟。观察烤箱,待玛芬鼓起后自然冷却一段时间,从烤箱中取出。

⑥ 黑、白巧克力分别掰成小块放入碗中,隔温水融化,融化后的巧克力酱均匀涂抹在玛芬表面。将彩色巧克力粒撒在玛芬的巧克力表层上,待巧克力凝固后即可食用。

小蛋糕

修女小蛋糕　⏲ 30min　👥 4人

原本朴素的修女小蛋糕加上一点奶油裱花，瞬间变得更可爱迷人。

用料：

55克 黄油
50克 杏仁粉
15克 低筋面粉
少许 蜂蜜、油
50克 糖粉、蛋清
200毫升 植物奶油

做法：

① 将黄油切成小块放入小锅中，用小火煮成焦黄色，然后用滤纸滤去杂质和浮沫，放凉备用。

② 杏仁粉和20克糖粉混合过筛，并筛入低筋面粉一起混合均匀。

③ 将蛋清打发至鱼眼泡状态，加入剩余糖粉稍加混合。

④ 在蛋清中加入混合过筛好的杏仁粉、低筋面粉和糖粉，用橡皮刮刀翻拌均匀。

⑤ 在冷却的焦黄油中加入蜂蜜，再倒入蛋清混合物中翻拌均匀。

⑥ 蛋挞模具内壁涂抹一层油，然后将混合好的蛋糕糊倒入模具至七分满。将蛋糕放入预热200摄氏度的烤箱烘烤12分钟至表面上色、边缘微焦取出放凉。植物奶油打发至提起打蛋器后出现一个直立的尖角，然后装入裱花袋中，在修女蛋糕上裱花即可。

裱花一定要在摩女蛋糕完全凉透后进行，不然蛋糕的热度会影响奶油的定型。一般外面买到的杏仁粉颗粒都比较粗，可以先自己研磨一次，再反复过筛，这样做出的摩女蛋糕口感会更加细腻。

Especially for

on joy and happiness around
out today and always.

椰香杯子蛋糕

🕐 50min　👥 5人

飘雪的日子就窝在家里，发挥无限的想象力
来装饰甜品吧！这个用巧克力树、淡奶油和
椰丝点缀的杯子蛋糕像不像冬天里雪落树梢
的美景？

用料：

20克 淡奶油	95克 低筋面粉
40克 无盐黄油	50克 巧克力
2个 鸡蛋	30克 饮用水
20克 砂糖（蛋黄用）	150克 打发好的淡奶油
45克 砂糖（蛋白用）	适量 椰丝
5克 砂糖（糖水用）	少许 装饰糖珠

做法：

① 提前将烘焙纸杯垫在模具上。黄油盛在耐热容器中用微波炉加热20-25秒成液态，倒入淡奶油搅匀后备用。分离蛋黄和蛋白，在蛋黄中加入砂糖，搅拌2分钟至颜色变淡。

② 打发蛋白，当蛋白分别出现透明大泡、白色细腻小泡和有纹路的状态时，分3次倒入砂糖，继续打发至硬性发泡，提起打蛋器后蛋白表面出现短小直立的尖角。用刮刀从下往上地将蛋白与蛋黄糊翻拌均匀。

③ 筛入低筋面粉，继续用刮刀翻匀。取1/6的面糊加入黄油和淡奶油的混合液里，用手动打蛋器迅速地朝着一个方向搅匀，倒入剩余的面糊里，用刮刀翻匀，盛入烘焙纸杯至八分满。放到预热180摄氏度的烤箱里，烤20-25分钟即可。

④ 用笔在烘焙纸上画出树的轮廓。巧克力掰小块盛在耐热容器中，在一个装有50-65摄氏度温水的容器上隔水加热，搅拌使其融化成液态。

⑤ 将巧克力液装在裱花袋里，在画树的烘焙纸的反面描出树的样子，放在冰箱保鲜室里冷却凝固后取出。

⑥ 在放凉的杯子蛋糕上薄薄地刷一层用砂糖和饮用水混合的糖水，涂上打发好的淡奶油，撒上椰丝。插上巧克力树，用牙签在树梢上涂少许打发的淡奶油，点缀少许的椰丝和糖珠即可。

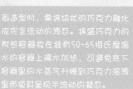
Tips

面造型时，需将块状的巧克力融化成完全流动的液态。将盛巧克力的耐热容器放在装有50-65摄氏度温水的容器上隔水加热，可避免底下容器里的水蒸气升腾到巧克力溶液里使其呈现半流动的状态。

多肉翻糖蛋糕

🕐 100min 👥 3人

从巧克力纸杯蛋糕中生长出来的多肉植物是最甜蜜的礼物。

Tips

兰特全喝牛奶
兰特是法国领先的液态奶品牌,享誉市场超过40年。兰特牛奶产自法国黄金产奶区——布列塔尼地区,100%法国原装进口。由纯牛奶制成,口感香浓,富含钙质。

165克 低筋面粉

10克 可可粉

100克 总统淡味黄油

125克 糖粉

2个 鸡蛋

3克 泡打粉

75毫升 牛奶

适量 翻糖糖皮、食用色素

做法:

1. 黄油室温下软化,用打蛋器打发至乳霜状后,加入125克糖粉搅打至蓬松泛白。
2. 加入鸡蛋液搅打均匀。
3. 筛入低筋面粉和可可粉,加入泡打粉和牛奶,搅拌均匀后装入裱花袋。
4. 将面糊挤入纸杯中至七分满,放入预热170摄氏度的烤箱烤30分钟。
5. 将食用色素加入翻糖糖皮中揉匀。
6. 将调好色的翻糖做成多肉的造型装饰在纸杯蛋糕表面即可。

幸福的面包

　　慵懒的清晨，温暖的阳光伴着微风轻盈的脚步，透过丝薄的窗帘轻抚略带倦容的睡颜。努力地睁开双眼，懒懒地起身，睡眼惺忪、摇摇晃晃地走到冰箱跟前，让满溢而出的凉气吹去丝丝倦意。强制式地唤醒了身体，娇气的胃可是咕噜噜、咕噜噜地不停叫唤着。打开储物柜翻翻找找，终于在雪白的麦粉前找到了归属感。

　　芬芳的麦香、丝滑的奶油、浓郁的奶酪、甜蜜蜜的果酱……还有那随心所欲的组合，灵巧多变的花式，这就是健康早点的百搭款——面包。阳光下，风采夺目的少女；月夜中，风华绝代的贵妇。在每个阳光明媚或者阴雨绵绵的早晨，伴着浓浓小麦香气，喝上一口温润的牛奶或甘苦咖啡，饱食热腾腾刚出炉的面包，也算是别有一番小资情调。

面包

番茄青酱乳酪包 ⓧ 360min 👥 4人

浓郁的番茄面团湿润柔软，搭配由罗勒、松仁、橄榄油制成的青酱，以及大量帕尔玛乳酪，体现经典的意大利风味。红绿相配，鲜香可口，是非常好的主食面包。

用料：

主面团：

450克 全麦面粉

5克 即时酵母

45克 黑糖

7克 盐

284克 番茄汁

28克 浓缩番茄酱

45克 橄榄油

馅料：

适量 青酱

60毫升 帕尔玛乳酪粉

做法：

① 混合主面团所需用料内的全麦面粉、黑糖、番茄汁、番茄酱、橄榄油，浸泡20~60分钟，再加入盐和酵母，揉至扩展阶段，即可以拉出薄膜，虽然不太牢固。

② 室温（约25摄氏度）下内发酵至手指按下面团不再弹回，大概需要90分钟。翻面排气，再次发酵至手指按下面团不弹回，大概需要45分钟。

③ 排气、滚圆，放松15分钟。擀开成23厘米X40厘米的长方形面皮，铺适量青酱，然后撒帕尔玛乳酪粉，周围留出空白。

④ 沿长边从下到上卷起，捏紧接缝。沿中心线用刀对剖，让切面向上，把两股面团交叉编织数次，放入事先抹过油的吐司模。

⑤ 在铺烘焙纸的烤盘上发酵至手指按下面团慢慢弹回一小部分，需要45~60分钟。

⑥ 放入预热到190摄氏度的烤箱中烤35~40分钟，烤制20分钟后盖锡纸以防乳酪被烤焦。

Tips

可以选购市场销售的番茄酱，也可以自己现做，一次可以多做一些。做好的番茄酱还可以用来做意大利面。

面包

黑麦大列巴 ⏱280min 👥6人

凝视着面包房中这款俄罗斯大面包，可千万别被它的粗犷外表吓得望而却步，照着步骤亲手制作，你一定能发现它柔软的一面。

用料：

355毫升 水

42克 麦芽糖浆或蜂蜜

6克 即时酵母

195克 黑麦粉

360克 高筋面粉

5克 盐

15克 葛缕子籽

43克 融化的黄油

做法：

❶ 把除了盐、酵母和黄油以外的所有原料混合揉成团，浸泡30分钟。加入盐和酵母，揉至略出筋度，放入黄油，再揉至想要的筋度。这里的揉面程度可以根据想要的成品组织而调整，如果想要有嚼头和不均匀的洞洞，那么就少揉一些；如果想要组织柔软均匀，那么就揉到几乎是完成阶段（有比较多的黑麦，膜不会很牢固）。

❷ 放入容器，室温（23摄氏度左右）发酵1.5小时至手指按下不弹回，面团有原来的2倍大。如果擀面不多，可以在主发酵期间适量折叠加强筋度。

❸ 将面团分割成2份，滚圆，分别整形成椭圆或者圆形。可以放在发酵篮内发酵，也可以放在铺烘焙纸的烤盘上，室温（23摄氏度）发酵1小时左右至手指按下慢慢弹回一部分。

❹ 如果用发酵篮发酵，把面团倒出，放在铺烘焙纸的烤盘上。可以像欧包那样割包，但也可以用剪刀剪出想要的花纹。这里在圆形面团上剪了5个正方形（上下左右和中间），然后在四角上各剪一刀。

❺ 放入预热190摄氏度的烤箱内烤45分钟左右。出炉后趁热在表面抹黄油可以让表皮更加柔软。

Tips

注意揉面程度的不同，面团的膨
胀力会不同，二次发酵的时间也
会不同。揉得越多，面团筋度越
高，膨胀力越强，二发需要比较
久，否则在烤箱内会爆裂。

帕尔玛乳酪面糊面包

🕐 135min 👥 4人

谁说欧包都费时费力，这次就介绍一款快手欧包，从和面
到烤好快速搞定，你是不是也心动了呢?

用料：

7克 即时酵母

60克 水

250克 中筋面粉

12克 糖

1/2茶匙 盐

113克 黄油

120克 牛奶

50克 帕尔玛乳酪丝

做法：

1. 将所有原料混合，搅拌均匀成稠面糊。用厨师机桨形头高速搅拌2分钟，
   面团非常湿。
2. 10寸蛋糕圆模内侧涂抹薄薄的一层油，也可以用10寸铸铁锅，将搅拌好
   的湿面糊倒入其中。
3. 盖上盖子，室温发酵1小时，在此期间，面糊不会明显胀大。
4. 放入事先预热到190摄氏度的烤箱内烤至内部温度到达90摄氏度，表面
   金黄，大概需要35分钟，出炉后趁热吃最香。

Tips

帕尔玛乳酪是一种意大利硬乳
酪。除了饱满的奶香味外，还有
明显的咸味，放在色拉、意面菜
肴中可以起到调味作用。比起其
他味道柔和的软乳酪，帕尔玛乳
酪的强烈风味在揉入面团和烘烤
后还可以保持，所以是做面包和
点心的好选择。如果没有，可以
用陈年的车打乳酪代替，但是风
味就会清淡一些。

面包

腌黄瓜汁莳萝黑麦面包

🕐 450min 👥 3人

爱好烘焙烹饪的人家里肯定模具多、原料多，若是做面包，那粉就更多了，小麦粉加上其他谷物粉真是堆积如山，而今天的主角就是这"相传"很难搞定的黑麦粉。

用料：

300克 高筋面粉

200克 黑麦粉

10克 新鲜莳萝

390毫升 腌黄瓜汁

8克 盐

3克 干酵母

做法：

1. 先把黑麦粉在200摄氏度的烤箱内烤15分钟至香气溢出。放凉后，把除了盐和酵母以外的所有原料混合揉成团，放置30-60分钟。加入盐和酵母揉至光滑。

2. 放入抹油容器，盖保鲜膜，室温发酵至体积膨胀50%左右，在22摄氏度左右大概2小时。每30分钟取出面团折叠1次，一共3次。

3. 案板撒粉或抹油，倒出面团，分成2份，滚圆，放松，整形成椭圆，注意绷紧表面张力时保留内部气泡，光滑面向下放入撒粉的发酵篮进行第二次发酵。

4. 石板放入烤箱，下层还要放一个烤盘，用来装水产生蒸汽。烤箱连石板和烤盘一起预热到290摄氏度，这个过程一般需要40分钟到1小时，有热容量大的石板在内，要预热比较久才会到达预定温度。

5. 二次发酵至手指按下慢慢弹回一部分，室温22摄氏度约需1小时。将面团倒在烘焙纸上，割包。

6. 往烤箱内的烤盘里浇一点沸水，关门。取面团，开门，连烘焙纸一起转移到石板上，烤盘内再浇一杯热水，关门。烤温降到220摄氏度烤约10分钟，降低到210摄氏度继续烤35分钟左右，至面包呈深色。

1

2

3

面包

五谷面包 ⏱ 500min 👥 3人

又是一款健康美味的面包，每一个面包都透露着粗犷和性感。

用料：

400克 高筋面粉（80%）

100克 全麦或黑麦粉（20%）

150克 五谷混合物（亚麻子、葵花子、燕麦、荞麦、压扁的黑麦谷粒）（30%）

435克 水（87%）

11克 盐（2.2%）

1克 即时酵母（0.2%）

做法：

❶ 把葵花子在204摄氏度的烤箱内烤10~20分钟，这样会使成品非常香。混合150克五谷和同重量的水，加盖浸泡过夜。

❷ 第二天，混合高筋面粉、全麦或黑麦粉、五谷混合物浸泡液，及剩下的285克水，揉成面团，加盖儿，静置30分钟。加入酵母和盐，揉至面团略有筋度，放入抹油的容器，盖保鲜膜。

❸ 发酵30分钟后，做第一次折叠；放回容器继续发酵30分钟，再次折叠；再发酵30分钟，第三次折叠，放回容器马上加盖儿冷藏（温度4摄氏度），所以一共在1.5小时内折叠3次。

❹ 21小时以后，取出面团，略微排出气泡，分割成两份，滚圆回温60分钟，这个过程也可使面团完成主发酵。

❺ 整成圆形，光滑面向下放入发酵篮，盖保鲜膜，二次发酵至面团手指按下缓慢弹回一部分，23摄氏度室温下静置约60分钟。

❻ 将石板放入烤箱，下层还要放一个烤盘，一起预热到290摄氏度，需要40分钟到1小时。

❼ 把面团倒在烘焙纸上，割包。圆形面团的割包方法较简单，入刀角度和面团垂直，深浅要适度，使面团可向四周对称地充分膨胀，且割痕保持明显。

❽ 将面团连烘焙纸一起移到石板上，再往烤盘内浇一杯热水。待烤箱温度降到237摄氏度，烤15分钟，取出烘焙纸和烤盘，再烤15~20分钟至面包呈金黄色。

把欧包制作流程拆成两天，每天
操作时间不长，适合忙碌的上班
族。即使在工作日，也可以吃上
亲手做的新鲜面包，是不是很美
好的事呢？

面包

奶酪丹麦 🕐 360min 👥 4人

层层叠叠的外壳酥脆到咬下去飞屑四溅，优质黄油的香气，奶油奶酪和蓝莓的浓郁酸甜口味，简直是色香味俱全的诱惑。

用料：

奶油奶酪馅料：

226克 奶油奶酪

113克 糖

19克 黄油

21克 鸡蛋

1茶匙 香草香精

28克 中筋面粉

酵头：

44克 天然酵种

75克 水

134克 高筋面粉

主面团：

361克 高粉

135克 牛奶

77克 鸡蛋

60克 糖

10克 盐

7克 耐糖酵母

41克 黄油

310克 用来裹入的黄油

适量 蓝莓

做法：

① 混合酵头中的所有原料，揉成面团，室温放置12小时至膨胀。

② 混合主面团中除了黄油、蓝莓以外的所有原料，揉至出筋，加入黄油，揉至扩展阶段。马上压扁，冷藏2小时到过夜。如果气温非常高，则先冷冻30-60分钟再冷藏。制作奶油奶酪的馅料全部混合均匀。

③ 用来裹入的黄油切块，放在保鲜膜间，先用擀面杖敲软，再擀开成边长为19厘米的正方形，用保鲜膜包好，冷藏至少1小时。

④ 取出面团，擀成边长为26厘米的正方形。取出黄油片，略敲软后放在面片上，用四边的面片把黄油包裹住，捏紧缝隙。

⑤ 擀开成20厘米X60厘米的长方形，做第一次3折，接着冷藏至少1小时，取出后再3折，再冷藏，一共完成三次3折。

⑥ 最后一次3折完成后，需冷藏90分钟以上或过夜。取出后把面团擀成厚度为0.5厘米左右的长方形，约23厘米X35厘米。

⑦ 将面饼切割成边长为11.5厘米的正方形，中间抹少许奶酪馅料，把两个对角折叠到中间压紧成为"半口袋"造型。

⑧ 表面涂抹蛋液后，放入27摄氏度的发酵箱发酵3-4小时。烤前在中间挤上奶酪馅料，点缀蓝莓，周围再次抹蛋液。放入预热到204摄氏度的烤箱内烤10分钟，然后降温到190摄氏度继续烤至金黄色，一共烤约25分钟。

折叠面皮的时候也可以把另外两个对角折叠到中间压紧成为"荷口袋"造型。

全麦贝果 ⏱280min 👥6人

如果你认为这金黄透人的面包是甜甜圈，那你可就大错特错了，它的名字叫贝果，有着色泽深厚、略硬微脆的外壳，Q弹可口的内部，但最主要的是，它有着甜甜圈所没有的那一股子韧劲儿！

用料：

酵种酵头A：

235克 天然酵种

40克 高筋面粉

酵种酵头B：

80克 高筋粉

40毫升 水

主面团：

450克 高筋面粉

120克 全麦粉

300毫升 水

12克 盐

各1汤匙 奶粉、糖

2克 即时酵母

煮面团用水：

1.9升 水

2茶匙 食用碱（也可以用1汤匙小苏打代替）

做法：

① 将制作酵种酵头A的原料搅拌均匀，加盖静置4小时。酵种酵头A中加入B的原料，搅拌均匀，继续加盖静置4-8小时。

② 混合酵头与主面团中除了盐和酵母外的所有原料，用厨师机低速搅拌均匀，浸泡20分钟。加入盐和酵母，揉至扩展阶段，此时面团光滑有弹性，用厨师机第三挡大约需要10分钟。

③ 将面团等分成12份，滚圆，放松15分钟后，用手指在面团中钻出一个孔，放在铺了烘焙纸的烤盘上，烘焙纸上抹油撒粉。面团间距至少5厘米，所有面团完成整形后，盖保鲜膜，马上冷藏12-24小时。也可以室温发酵1-2小时，但冷藏后组织和风味都比较好。

④ 取出面团，放一个在冷水里，若马上浮起来，就说明发酵完成，可进行下一步。反之，则将测试面团捞出，略擦干，所有面团在室温中继续发酵15-20分钟，再次测试直到发酵完毕。

⑤ 煮一锅水，放入食用碱。把面团放入沸水中每面煮20秒，捞出略微控干后，放回烤盘。面团煮完后，将烤盘放入预热到204摄氏度的烤箱中烤20分钟即可。

Tips

小心不要发酵过度，否则成品会
过于蓬松。

面包

玉米欧包 🕐 360min 👥 3人

谁说欧包只能粗犷来着？看看这两个玉米欧包，这造型"拗"得多美啊，光是看着似乎就能闻到玉米的香味，口水有没有流下来呢？

用料：

液体酵种：

89克 高筋面粉

0.5克 盐

0.5克 干酵母

固体酵种：

195克 高筋面粉

128克 水

3.5克 盐

0.5克 干酵母

主面团：

67.5克 高筋面粉

177.5克 玉米粉

28克 玉米面

155克 水

做法：

① 将制作液体酵种所需的所有原料混合，在室温环境中（24摄氏度左右）静置12-16小时。

② 将制作固体酵种的所有原料混合后，在室温（24摄氏度左右）静置1小时，之后马上冷藏过夜。

③ 混合主面团的所有原料及做好的酵种，静置浸泡20-60分钟，中速搅拌3分钟至筋度开始产生。在室温环境中加盖发酵大概1.5小时，体积膨胀至1.5-2倍大。在发酵到第30和60分钟时进行折叠，一共两次。

④ 将面团分割成2份，滚圆，放松20分钟。其中一份整形成三角形，另一份先整形成椭圆，然后把横向一侧的1/3的部分擀平，并切成均匀的3条。

⑤ 将切好的三条编成麻花辫，并在另一半的中间用擀面杖压出凹槽，两边都涂上油，把辫子部分折叠覆盖在另一半的凹槽上。

⑥ 将两个面团一起放在烘焙纸上进行二次发酵，至手指按下可慢慢弹回一部分，在室温环境内（24摄氏度左右）约需要60分钟。

⑦ 同时将烤盘与石板放入烤箱，烤盘放在石板下层。将烤箱连石板和烤盘一起预热到290摄氏度，这个过程大概需要40分钟到1小时，若石板热容量比较大，则需要预热比较久才会到达预定温度。

⑧ 在三角形的面团上进行割包，图案类似玉米。

⑨ 往烤盘里浇一点沸水，关门。开门，将面团连烘焙纸一起转移到石板上，下面盛水的烤盘内再浇一杯热水，关门。烤温降到230摄氏度，烤15分钟，取出烘焙纸和盛水的烤盘，再烤25分钟左右，至面包呈深色即可。

面包

双味佛卡恰 🕐 200min 👥 2人

很多人会把比萨叫做意大利面包，其实真正的意大利面包另有其物，这款佛卡恰正是意大利面包的代表作，松松软软的它真能与比萨拼一拼。

用料：

酵头：

100克 高粉

2.5克 盐

1/2茶匙 橄榄油

1毫升 牛奶

70毫升 水

1克 即食酵母

香料橄榄油：

适量 橄榄油、各式香料

主面团：

600克 高筋面粉

15克 盐

20毫升 橄榄油、牛奶

400毫升 水

6克 即食酵母

做法：

① 先制作酵头，混合酵头所需的所有原料，揉成面团，马上冷藏过夜。可以冷藏2～3天，也可以冷冻几个月，只要使用前一天冷藏过夜解冻即可。

② 制作香料橄榄油，将适量橄榄油加热至37～38摄氏度，加入喜欢的香料与盐。这里放的是罗勒叶、欧芹等。

③ 开始主面团的制作，混合除香料橄榄油外的所有原料及事先做好的酵头（大约180克），静置30分钟左右，将面团揉至扩展阶段，即有一定筋度，可以拉出薄膜，但是薄膜不牢固，戳破后破洞边缘不光滑，达到比较湿软的程度。

④ 面团在室温环境中发酵1.5小时，每30分钟折叠一次，一共2次。

⑤ 把面团分成两份，每份擀成2厘米厚的长方形，此时可以切割180克面团作为以后的酵头。把长方形面团放在铺了烘焙纸的烤盘上，刷香料橄榄油，用手指压出凹陷，在室温环境中发酵15分钟。

⑥ 再刷一层香料橄榄油，铺上喜欢的配料（这里在每个佛卡恰上放了两种配料，一半是黑橄榄碎和迷迭香，另一半是柠檬片和薰衣草），继续发酵15～20分钟。

⑦ 这款面包有两种配料，所以放入烤箱前，可在面饼中间先切条分割线（几乎割到底部，但是不完全割透），再放入预热到180摄氏度的烤箱内烤至表面呈金黄色，烤25～30分钟后，美味佛卡恰就烤好了。

Tips

这款面包的制作过程相对比较简单，但需要注意的是面包上的配料，如橄榄油等不可放太多，因为佛卡恰吃的是面包，配料起的只是点缀作用，不能让它们喧宾夺主。另外，面包的风味完全可以按照你的喜好来调整，只需改变配料的种类就可以了，蘑菇、乳酪、洋葱等配料都行，只要不是太多太杂即可。

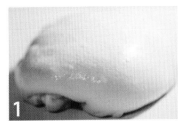

新奥尔良法式面包

🕐 260min 👥 6人

别以为"山寨"是中国人的专利，其实在外国盗版现象
也时有发生，更巧合的是，为原版"添油加醋"，使之
更受欢迎的道理他们竟然也懂！这条"法棍"就是最好
的铁证。

用料：

225克 高粉面粉　　8克　盐

150克 中筋面粉　　10克 糖

45克 粘米粉　　　5克　奶粉

300克 水　　　　10克 黄油

4.5克 即时酵母

做法：

❶ 混合用料中的各种粉、水、糖、奶粉，浸泡30分钟，加入盐和酵母，揉至筋度开始产生，加入软化的黄油，揉至出膜（扩展阶段至完成阶段之间）。

❷ 在室温环境内（约24摄氏度）加盖发酵大概80分钟，至体积约呈之前2倍大，在50分钟时排气折叠。

❸ 将面团分割成2份，排气、滚圆，放置20分钟。把每份擀开成35厘米X15厘米的长方形，沿长边卷成长条状，捏紧接缝，两头搓尖，略搓长至40厘米，放在铺了烘焙纸的烤盘上。

❹ 室温二次发酵至体积约呈之前2倍大，需要45-60分钟。在面团表面抹适量水，开始割包。

❺ 烤箱下层放一个空烤盘，预热到260摄氏度，往烤箱里浇一点沸水产生蒸汽，关门。开门，把放面团的烤盘放入烤箱，往下面盛水的烤盘内再浇一杯热水，关门。烤温降到218摄氏度，继续烤20分钟，降温到190摄氏度再烤20分钟左右，至面包呈金黄色。

Tips

注意这种面包的割包方向和传统的法棍不同，比较横向，也不用倾斜入刀，和面团垂直入刀就可以。

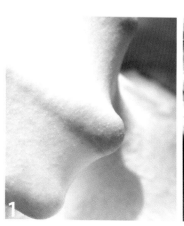

挞&派交响曲

派是欧洲传统食物，更成为经典的美式食品。勤劳的母亲们为了让孩子在战后物资匮乏的时代吃到甜品，只能想方设法去做物美价廉的苹果派，"like apple pies"的典故便来源于此。派变化莫测，无论是使用什么馅料，都能完美地与其融合，无论是甜还是咸，无论用水果还是火腿，只要进入烤箱，拿出便能将食材的味道发挥得淋漓尽致。

挞似乎比派调皮许多，它不仅形状小巧可爱，还偷偷地将馅料露了出来。当年火遍大街小巷、热乎乎的葡式蛋挞，咬上一口又软又酥，还带有浓郁的蛋香。甜美的下午茶小点心水果挞，让酥皮与水果和奶油幸福融合。一口一份惊奇，一口一份美味。学做这些可爱的小点心，可不单单为生活增添了光彩，还让你的人生更加优雅起来。

挞&派

蜜瓜挞 🕐 85min 👥 6人

香甜的蜜瓜配上柔滑的卡仕达酱，再加上外层酥松的挞皮，
便是美妙的夏日三重奏。

用料：

250克 低筋面粉

200克 绿、白蜜瓜

125克 黄油

3个 鸡蛋

25克 玉米淀粉

250毫升 牛奶

100毫升 鲜奶油

110克 细砂糖

2克 盐

做法：

① 取2个蛋黄和50克细砂糖放入盆内搅拌至乳黄色，筛入玉米淀粉混合均匀。牛奶加热至边缘产生小气泡后熄火，倒入蛋黄糊中搅拌均匀，再倒回热牛奶的锅中，中火加热，不停搅拌直至完全凝固后倒入盆中冷却，即为卡仕达酱。

② 将黄油放入低筋面粉中，用刮刀切碎后用手混合。中间挖一个小坑，放入一个鸡蛋、50克细砂糖、盐和水，混合成面团后用保鲜膜包起来，放入冰箱冷藏30分钟。

③ 取出面团，擀成0.5厘米厚的面皮。

④ 面皮铺在烤模内，用手指将挞皮和烤模压紧。在挞皮表面用叉子扎一些洞，铺上烘焙纸，再在上面压一些重物。放入预热至150摄氏度的烤箱烤10-15分钟。取出烘焙纸和重物，再放入烤箱烤2-3分钟后拿出来冷却。

⑤ 将冷却的卡仕达酱盛到挞皮上。

⑥ 蜜瓜用模具切成莲花花瓣的形状，用厨房纸巾吸去多余水分。将蜜瓜片按照莲花的形状摆放在挞上。鲜奶油中加入剩余细砂糖打发成形，倒入裱花袋中，为蜜瓜挞中心做装饰。

Tips
在收最后的装饰步骤前，一定要
确认卡仕达酱已经完全冷却凝固
了，不然难以堆涂莲花的形状。

揉&派

用料:

125克 黄油

220克 低筋面粉

30克 高筋面粉

125毫升 黑啤

1个 鸡蛋

400克 苹果

50克 葡萄干

1/2茶匙 香草糖粉、肉桂粉

15克 蔓越莓干

50克 核桃碎

25克 面包屑或饼干碎

奥地利苹果馅饼   ⏱ 160min 👥 4人

馅饼是个狡猾的家伙，它把甜蜜的内心深深藏在饼皮之中，
想要一亲芳泽，就心甘情愿地跳进它的陷阱吧！

做法:

① 将黄油从冰箱中取出，切成小块。低筋面粉与高筋面粉混合过筛，再与黄油混合，倒入黑啤，用手掌根将面粉和黄油一层层向前边推边揉，慢慢揉成表面光滑的面团，在阴凉处静置30分钟。

② 苹果去皮去核，切成薄片，放入碗中。葡萄干洗净、沥干，放入装有苹果片的碗中，再加入香草糖粉。放入肉桂粉、蔓越莓干、核桃碎和15克面包屑或饼干碎，用勺子将所有配料混合均匀。

③ 将已经放置了大约30分钟的面团擀成厚度为3毫米左右的长方形面皮。沿着面皮的长边中间撒上适量的面包屑或饼干碎。

④ 将混合均匀的苹果馅料倒在面包屑或饼干碎之上，铺成宽度约为面皮宽度1/3的厚薄一致的一条，别忘了两头都留些空间，方便最后用面皮将馅料包裹起来。将馅料一侧较长边的面皮翻到馅料之上，将馅料裹起来，尽量裹得稍微平整些，这样做出的馅饼比较好看。

⑤ 将鸡蛋打散，用刷子在卷起的那一半面皮上均匀地刷上一层蛋液。以同样的方式将剩下的1/3面皮也卷起，两头也要包起，并用力压紧避免馅料逃出来。将它移到铺了烘焙用纸的烤盘上，再在面皮表面刷上一层蛋液。

⑥ 用叉子在面皮上扎几个小孔，烘烤时可将馅料中的热气放出来。将烤盘放入预热180摄氏度的烤箱烤约45分钟。

为了让擀面更加方便,可以在砧板和擀面杖上撒一些面粉。

挞&派

法式水果挞   ⏱100min 👥4人

看这五彩缤纷的水果粒铺在tarte aux fruits上，多么诱人！

用料:

挞皮:

60克 黄油

100克 低筋面粉

4克 蛋黄

18毫升 水

2克 细砂糖、盐

馅料:

180毫升 牛奶

2个 蛋黄

25克 细砂糖

12克 低筋面粉

少许 香草精

100克 各式水果

做法:

① 蛋黄加水搅拌，再加入细砂糖和盐拌匀后放冰箱冷藏备用。

② 用电动打蛋器将室温软化的黄油打至无颗粒状，筛入低筋面粉切拌至无粉状，倒入冷藏后的蛋黄混合物轻轻翻拌至水分吸收，用手揉成面团。

③ 用擀面杖将面团擀成厚度均匀的面皮，压入派盘中，用擀面杖擀去多余的面皮并用手整形。

④ 用叉子在挞皮底部叉出小洞，然后放冰箱冷藏1小时，取出后放入预热200摄氏度的烤箱烤15分钟左右。

⑤ 在冷藏挞皮时制作馅料: 牛奶倒入小锅中煮沸，滴入香草精。另取一只碗，将蛋黄、细砂糖和低筋面粉混合均匀，慢慢倒入热牛奶并不断搅拌。搅拌好后重新入锅加热，不断搅拌至馅料黏稠。

⑥ 在烤好的挞皮中填入馅料，摆上切成小块的各式水果做装饰即可。

焦糖核桃挞 ⏰ 45min 👥 3人

懒人自有懒人福，简单几步，中式的饺皮也可做出西式的高大上！

用料：

100克 核桃

50毫升 水

50克 白砂糖

6张 饺子皮

半个 柠檬

适量 黄油

做法：

① 将核桃外壳敲碎，取出核桃仁备用。

② 将剥好的核桃仁切碎放在烤盘中，放入预热180摄比度的烤箱烘烤几分钟。

③ 在小锅里放白砂糖和水，用小火煮开并不断搅拌至糖水呈焦糖色，放入烘烤过的核桃碎搅拌，然后稍挤入几滴柠檬汁调味。

④ 在麦芬模具内壁涂抹一层黄油，放入饺子皮，用手将其轻轻按入并整形，使饺子皮贴紧模具。

⑤ 饺子皮全部放入模具后，用刷子在其表面刷上一层融化的黄油。

⑥ 在饺子皮中放入焦糖核桃馅料，将麦芬模具放入预热180摄氏度的烤箱中，烘烤25分钟左右至饺子皮金黄即可。

Tips

1. 生的饺子皮在风干处容易变硬，放入麦芬模具时容易弄破，在准备工作时可用湿毛巾盖在饺子皮上，软的饺子皮比较好操作。

2. 烘烤好的时候可以把麦芬模具取出，在第一个坑上放上一小块葡萄，这样烘出来的饼镶核桃比合圆美味。

3. 核桃可以换成苹果、葡萄等水果。

蜜意抹茶派 🕐 130min 👥 5人

一口咬下去，浓郁的抹茶馅料、甜蜜的红豆、酥软的派皮
尽收嘴里，恐怕没有人不为这蜜意抹茶派倾倒吧。

用料：

110克 低筋面粉

50克 无盐黄油

150毫升 牛奶

60克 细砂糖

4个 蛋黄

25克 蜜豆

5克 抹茶粉

少许 盐

做法：

① 将室温软化的黄油打发后加入30克细砂糖拌匀，然后分次加入两个蛋黄
并搅拌均匀。

② 在黄油混合物中筛入100克低筋面粉，稍微翻拌后用手将混合物搓揉成
光滑面团。

③ 6英寸派盘内壁涂抹一层黄油备用。在面团底、表面分别放一张烘焙纸，
隔着纸用擀面杖将面团擀成厚度均匀的派皮。揭开派皮表面覆盖的那张
烘焙纸，将派盘放在派皮上，然后将派皮倒扣入派盘中，揭去另一张烘
焙纸，并沿着派盘边缘将派皮压实。

④ 用擀面杖沿着派盘压一圈即可压掉周围多余的派皮，再次沿派盘边缘
整形。

⑤ 用牙签或叉子在派皮底部戳孔，盖上保鲜膜，放冰箱冷藏1小时后取出，
室温中静置10分钟后，放入预热180摄氏度的烤箱中烘烤20分钟。在烤
派皮的同时制作抹茶馅料：锅中加入牛奶、剩下的细砂糖、盐、蛋黄，
筛入剩下的低筋面粉和抹茶粉，搅拌均匀成糊状备用。

⑥ 在派皮上铺上一层蜜豆，倒入抹茶馅料抹平，放入预热200摄氏度的烤
箱中烤20分钟即可。

Tips

擀派皮时，在面团底、表两面分别放一张烘焙纸可以避免派皮粘在擀面杖或手上，保证派皮的完整和光滑，入模也更为容易。如果不小心弄破了派皮，可用多余的边角料粘补一下。

草莓水果挞 🕐 40min 👥 4人

找一个惬意的午后，穿上围裙享受一下制作的乐趣，
品尝亲手做出的美味如何？

用料：

挞皮：

45克 黄油

40克 白糖

1个 蛋黄

70克 低筋面粉

馅料：

适量 蛋黄酱

5个 草莓

适量 猕猴桃、橙肉

做法：

① 把黄油、白糖和蛋黄放入容器中，用软刮板搅拌均匀后加入低筋面粉充分混合并按压均匀。

② 将面团倒在一张保鲜膜上，用保鲜膜压紧面团，包裹成一个饼状，放入冰箱冷藏半小时以上。

③ 取出冷藏过的面团，用擀面杖擀成2-3毫米的薄片。按照模具大小放入模具中，按平底部和侧面，用叉子在底部戳几个小孔，放入预热180摄氏度的烤箱烘烤20分钟。在烤好的挞皮中填入甜味蛋黄酱，再摆上切好的水果。

Tips

水果可以按照自己的喜好更换。

1

2

3

烘&派

火腿法式咸派 🕐 25min 👥 3人

谁说烤箱只能出甜食？咸味烘焙也可撑起全场。

用料：

60克 玉米淀粉

170毫升 淡奶油

2个 鸡蛋

2个 蛋黄

适量 盐、罗勒、油

20克 红甜椒、黄甜椒、青甜椒

30克 火腿、玉米粒

20克 帕玛森芝士碎

做法：

① 将红、黄、青甜椒和火腿分别切成大小均匀的小丁。锅中热油，将红、黄、青甜椒块、玉米粒和火腿丁炒软。

② 将一半淡奶油倒入玉米淀粉中混合均匀。

③ 分次在玉米淀粉混合物中加入2个全蛋液和2个蛋黄，每次都搅拌均匀后再加下一次。然后在混合物中倒入剩余淡奶油和盐混合。

④ 用油刷在麦芬模具上均匀地刷上一层油防粘。

⑤ 在麦芬模具中撒上少许帕玛森芝士碎和罗勒，然后放入炒过的馅料。

⑥ 在模具中倒入拌好的面糊至七成满。放入预热230摄氏度的烤箱烤15分钟左右，至表面金黄微焦上色，冷却后脱模即可。

黄桃苹果派   🕐 60min   👥 3人

苹果派对时间到！可千万别被苹果派的名气给吓到了，这个
欢乐的派对可没什么门槛，喜欢吃苹果的统统看过来吧！

用料：

3张 印度飞饼饼皮
1个 苹果
3块 罐头黄桃
1个 鸡蛋
适量 苹果酱

做法：

① 饼皮稍稍软化，用擀面杖在烘焙纸上略微擀薄擀大，冷藏松弛20分钟。苹果洗净、去皮、切丁。罐头黄桃沥去汁水，切丁备用。

② 给苹果丁抹一层苹果酱，既不怕氧化，又能增味。

③ 松弛好的每张饼皮切成如图两片和边条四段，其中一片略大于另一片。

④ 鸡蛋打散，在略小一片四周涂上蛋液，把四段边条依次叠好。

⑤ 将苹果丁和黄桃丁放在派皮中间，边条抹一层蛋液，盖上上片。

⑥ 用叉子沿着派的周围压出均匀的纹路，同时也保证上下派皮黏合。在上片中间切几刀，表面涂上蛋液。烤箱180摄氏度预热，中层，烤25分钟左右，至饼皮上色、分层明显。

南瓜馅饼

 85min 👥 6人

酥松的馅饼、绵密的南瓜内馅,甜在心。

用料:

200克 低筋面粉	2个 苹果
100克 全麦粉	3汤匙 蜂蜜
170克 糖粉	1/2个 柠檬
1茶匙 盐	200克 酸奶油
5克 柠檬皮碎	2汤匙 葡萄干
260克 黄油	100克 核桃仁
3个 鸡蛋	2汤匙 冷水
1个 小南瓜	

做法:

① 黄油切小块。将低筋面粉、全麦粉和30克糖粉过筛混合,加入盐、柠檬皮碎、200克黄油,打入1个鸡蛋并搅拌均匀,倒入2汤匙冷水,和成面团,在阴凉处静置一会儿。

② 南瓜先不要去皮,切成小块,去籽,放在烤盘上。

③ 苹果去皮、去核,切成小片,也放在烤盘上。

④ 在南瓜块和苹果片表面涂上一层蜂蜜,放入预热180摄氏度的烤箱中烤熟。

⑤ 将烤好的南瓜和苹果片取出,冷却。将核桃仁、剩余的糖粉和黄油混合,放入搅拌机打碎。

⑥ 将面团擀平,铺在9寸蛋糕圆模底盘上,再用多余部分做个边,围在圆模内侧。用叉子在底部戳几个洞,放在预热180摄氏度的烤箱中烤10分钟。

⑦ 待南瓜冷却后,剥去皮,切小块,和苹果片一起放入碗中碾成泥。

⑧ 挤入柠檬汁,加入打散的2个鸡蛋、酸奶油和葡萄干搅拌均匀。
将打好的核桃粉的一半倒入烤好的馅饼皮中,倒上南瓜糊,最后倒入剩下的核桃粉,放入预热180摄氏度的烤箱烤约40分钟。

Tips

如果想要馅饼底部看起来平整一些,可以在烘烤之前在上方铺上一张烘焙纸,压上一些重物,就可以防止面皮受热变形了。

千层派　⏱185min 👥6人

松脆的酥皮由卡仕达酱和奶油连接在一起，
好滋味层层叠出来。

用料：

60克 高筋面粉

85克 低筋面粉

75克 细砂糖

3克 盐

113克 总统淡味黄油

100克 总统淡奶油

250毫升 兰特全脂牛奶

3个 蛋黄

8克 糖粉

1/2根 香草豆荚

做法

① 60克低筋面粉和高筋面粉混合过筛，加入盐和20克总统淡味黄油混合均匀，加入60毫升冷水，用手充分混合。将面团放在案板上揉搓成光滑有弹性的球状，用刀在中间划一个十字。用保鲜膜包好放入冰箱冷藏45分钟以上。

② 取出面团用擀面杖擀成30厘米见方的正方形派皮，将剩余的总统淡味黄油放在面团中间，面团包上总统淡味黄油后用擀面杖擀开，将派皮一端向前折到1/3处，另一端也折回1/3。旋转90度，再重复擀开面团，对折2-3次后包上保鲜膜放入冰箱冷藏45分钟。

③ 将派皮平铺在放有烘焙纸的烤盘上，放入190摄氏度的烤箱烤30-40分钟后取出晾凉。派皮切成4片6厘米的长条。

④ 香草豆荚纵向切开，刮出香草籽。取一小锅，放入牛奶、香草豆荚和香草籽开火加热。盆中放入蛋黄打撒，倒入香草牛奶，用滤网过滤后倒入锅内继续加热，同时用打蛋器不断搅拌至浓稠后关火冷却，即为卡仕达酱。

⑤ 将冷却好的卡仕达酱装入裱花袋中。总统淡奶油加糖粉打发，装入裱花袋中。

⑥ 将总统淡奶油和卡仕达酱交错挤在派皮上，在表面筛上糖粉。

Tips

总统奶油

总统奶油优选法国牛奶精心制作而成,是法式奶油的经典代表,它质地轻柔、口感细腻,非常适合制作各类慕斯和甜品。无论是甜点装饰子或是调汁增香,总统奶油都让您得心应手!

PRÉSIDENT
Crème
Entière
Whipping Cream

满足的大蛋糕

如果说世界上有一种能让所有人类都无法抗拒的食物，那么一定是蛋糕了。香甜的鲜奶蛋糕、松软的戚风蛋糕、浓郁的芝士蛋糕，还有漂亮的翻糖蛋糕，总有一款会悄然打动你的心。所以，说蛋糕是甜点界的王后一点也不为过。那些细腻丝滑的奶油、柔软绵滑的蛋糕坯，与口味多变的水果、酥脆美味的果仁等配料随意组合，都能创造出丰富多样的蛋糕。

蛋糕的发明历史与面包相似，却又比面包多了那么一丝贵族气息。蛋糕在发明后很长一段时间可是作为宗教祭拜的食物，发展至中世纪时，仍是只有贵族宴会或特殊的场合才会出现。如今，制作蛋糕的材料和配方不再是贵族们的专利，而会不会制作蛋糕则成了检验一个人烘焙水平的标志。打开蛋糕世界的大门，便会还你一个奇妙的味觉世界。

百果磅蛋糕 🕐 60min 👥 4人

用牛奶浸泡过的果干稳当当地嵌在蛋糕里，不小心咬到一口，奶香浓郁，醇厚得令人久久回味。如果这口错过了它，不要着急，下一口总会等得到！

用料：

1个 鸡蛋
50克 砂糖（黄油用）
50克 砂糖（蛋白用）
8克 砂糖（淡奶油用）
150克 低筋面粉
150克 无盐黄油
1/2茶匙 泡打粉
120毫升 淡奶油
适量 各种果干
50克 牛奶
5克 蔓越莓干
3克 巧克力
少许 装饰用糖珠

做法：

1. 将果干在牛奶里浸泡20分钟，用筛子捞出并擦干水分，加入2茶匙面粉搅拌，这样与之后的面糊混合时不会沉底。黄油切小块，软化到用手可以轻松地捅出窟窿的程度，再搅拌至羽绒般丝滑的状态，加入砂糖，搅拌三四分钟，黄油变得蓬松、体积增大、颜色变浅。

2. 分离蛋白和蛋黄。分次将蛋黄加入黄油中，拌匀后筛入面粉和泡打粉，用刮刀从下往上翻拌均匀。加入处理过的果干，继续用刮刀翻匀。

3. 分3次倒入砂糖，将蛋白打发至硬性发泡，提起打蛋器后，蛋白表面出现短小直立的尖角。用刮刀取1/3的蛋白糊与面糊拌匀，然后倒入剩余的蛋白糊翻匀。面糊盛入模具至八分满，震动几下消除气泡，放在预热到170摄氏度的烤箱里，烤40-45分钟即可。

4. 用竹签插进蛋糕底部以试验是否烤好，如果抽出的竹签表面没有面糊附着，说明蛋糕烤好了。自然冷却后脱模，进行装饰。

5. 砂糖倒在淡奶油里打发到七分，即提起打蛋器后，淡奶油可以慢慢地流动下来落在碗里，2-3秒以后表面的痕迹消失。

6. 用勺子把打发好的淡奶油铺在磅蛋糕上，用手捧起蛋糕盘轻轻地在案板上震动几下，奶油就会像融化的积雪一样慢慢地流下来。最后加少许蔓越莓干、巧克力和糖珠进行装饰即可。

  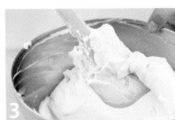

Tips

测量每次原料数据的方法都很重要，最
好心少亲为有效会运水，很好
打蛋器高效心面而合约小时间
立的完成，

大蛋糕

菠萝翻转蛋糕　🕐 65min　👥 2人

上了糖色的菠萝金黄诱人，烤过以后更香甜。而蛋糕吸收了蛋与奶淡淡的香味和醇厚的口感，甜度也正好，好吃指数爆表！

用料：

250克 菠萝
适量 盐开水
60克 白砂糖
20毫升 沸水
60克 黄油
70克 低筋面粉
3个 鸡蛋
50克 绵白糖
60毫升 牛奶
1/4茶匙 香草精

做法：

1. 菠萝切小片，在盐开水中浸泡片刻。将白砂糖倒入锅中，小火煮至琥珀色，加入沸水并搅拌。煮至汤汁渐渐收干，加入30克黄油和沥干的菠萝片，快速翻拌至菠萝片上色。
2. 将煮好的菠萝片铺在模具的底部。
3. 剩余黄油隔水小火加热至融化，倒入一个无油无水的大容器中。低筋面粉过筛，与黄油搅拌均匀成糊状。加入香草精和牛奶，用刮刀搅拌成顺滑的糊状。室温下的新鲜鸡蛋分离蛋黄与蛋白，蛋白置于另一个无油无水的大容器中，蛋黄加入面糊拌匀。
4. 将蛋白手动打发至粗泡，加入绵白糖，用电动打蛋器继续打发至蛋白蓬松，提起打蛋器可以拉出小弯钩。将打发好的蛋白分两三次加入面糊，轻而快地翻拌，划圈搅拌会使蛋白消泡，影响蛋糕的蓬松质感。
5. 面糊翻拌均匀与避免蛋白消泡之间有小小的矛盾，尽量做到两全后，将面糊倒入模具，覆盖在菠萝层上。
6. 抹平面糊表面，在桌子上轻轻震两下模具，震出大气泡。烤箱预热170摄氏度，中层烤制35分钟左右。用竹签插入蛋糕，如果抽出来没有蛋糕糊，就表明烤好了。

抹茶卷

🕐 65min　👥 4人

清甜微苦的抹茶馅料配着松软的蛋糕体，想着可以用这样的蛋糕卷
来塞满喜欢的人的胃，难道不是一件很幸福的事吗？

用料：

20克 植物油
8克 蛋黄糖
100克 淡奶油
80克 蛋清
50克 细盐
52克 低筋面粉
10克 无盐黄油

做法：

① 在蛋黄中加入10克细砂糖搅打至黏稠发白，滴落在盆中有明显纹路。

② 搅打冷藏过的蛋清，在起泡后加35克细砂糖打发至黏稠（尚未凝固），
划过有纹路产生，落在盆中形成的纹理不变的程度。将打发好的蛋白糊
加入蛋黄糊中，翻拌均匀。筛入低筋面粉和5克抹茶粉，翻拌均匀至无
干粉状态。在蛋糕糊中加入隔水融化的黄油翻拌均匀。

③ 在烤盘(24厘米×18厘米)中铺烘焙纸，倒入蛋糕糊抹平并震出气泡，放
入预热200摄氏度的烤箱中烤10到12分钟到蛋糕体表面均匀上色。打开
烤箱，取出蛋糕连同烘焙纸一起放在网架上放凉，并在有余热时撕去烘
焙纸。

④ 在冷却蛋糕时制作奶油馅料：淡奶油加7克细砂糖打发至五成，加入剩
下的抹茶粉继续打发至可涂抹状。

⑤ 涂抹奶油时，在蛋糕体的起始端涂抹一层较厚的奶油，收尾端不涂。

⑥ 将蛋糕卷起，用烘焙纸包住，放入冰箱冷藏30分钟以上，最后取出切片
即可。

Tips

在烘烤之前将蛋糕糊中的气泡震
出会使烤出来的蛋糕体更为细密
均匀，切面也更平整美观。在卷
蛋糕体时，为防止饼干干裂，可
在蛋糕表面铺一数张烤布。此
外，用热刀切片会让蛋糕的切
面更加光滑。

大蛋糕

蒙布朗

⏱ 75min 👥 6人

香浓的栗子奶油配合柔软的蛋糕卷，值得三十二个赞！

用料：

蛋糕坯：
4个 鸡蛋
50克 低筋面粉
80克 细砂糖
40克 融化的黄油

馅料：
200克 淡奶油
50克 栗子蓉
20克 细砂糖

裱花料：
5颗 熟栗子
150克 栗子蓉
60克 无盐黄油
5克 朗姆酒

做法：

① 制作蛋糕坯：用电动打蛋器将蛋黄和20克细砂糖打发至黏稠发白。在蛋白中分次加入60克细砂糖，打发至出现纹理不消失、蛋白不凝固在打蛋器上即可。

② 将蛋黄糊混入蛋白糊中，并加入融化的黄油拌匀。

③ 筛入低筋面粉并用橡皮刮刀翻拌均匀。将蛋糕糊倒入铺了烘焙纸的烤盘中，放入预热200摄氏度的烤箱中烤12分钟至上色。取出后放在网架上放凉，撤去烘焙纸。

④ 制作馅料：淡奶油加细砂糖打发至八成，加栗子蓉搅匀。

⑤ 将栗子奶油涂抹在蛋糕坯上，起始端涂抹较厚，最后几厘米不涂，涂好后将蛋糕卷起，放入冰箱冷藏半小时以上。

⑥ 制作裱花料：将室温软化的黄油打发至顺滑无颗粒状，加入栗子蓉和朗姆酒制成栗子奶油，装入裱花袋。取出蛋糕卷，用细裱花嘴将栗子奶油挤成面条状，最后撒上一点事先处理好的熟栗子碎作为装饰即可。

香橙慕斯 ⏱ 85min 👥 3人

海绵蛋糕吸收了用香橙煮过的糖水，
香甜可口，清新怡人。

用料：

3个 鸡蛋

335克 细砂糖

100克 低筋面粉

20克 总统淡味黄油

180毫升 兰特全脂牛奶

4个 蛋黄

8克 吉利丁片

1/3根 香草豆荚

25毫升 君度香橙酒

66毫升 橙汁

180毫升 总统淡奶油

2个 橙子

做法：

① 将鸡蛋液和100克细砂糖隔热水打发，蛋液和体温差不多的时候拿开，继续打发成绸缎状。总统淡味黄油隔水加热融化，加少许鸡蛋糊到黄油中搅拌均匀。

② 将低筋面粉筛入鸡蛋糊中，用刮刀轻拌后加入黄油液快速搅拌均匀。将面糊倒入模具中，烤箱预热180摄氏度烤25分钟后取出晾凉，切成厚约1厘米的两片。

③ 橙子洗净切成3毫米的片，锅中放150克细砂糖和300毫升水，放入橙子片小火煮至半透明状，取出沥干水分，汁水留用。

④ 盆中放入蛋黄和55克细砂糖搅拌均匀，打发至颜色变白。另取一锅，放入兰特全脂牛奶、香草豆荚和30克细砂糖煮沸。将蛋黄糊倒入其中加热，加入橙汁后小火加热搅拌至浓稠状。

⑤ 吉利丁片用冷水泡软后挤干水分，加入橙汁蛋黄糊中搅拌均匀，过筛隔冷水冷却，加入5毫升君度香橙酒。煮橙子的水加20毫升君度香橙酒混合后涂在海绵蛋糕表面。

⑥ 鲜奶油打发至六成，和橙汁蛋黄糊混合后倒入模具，抹平后放入冰箱冷藏，在表面放上煮过的橙子片。

总统奶油

总统奶油优选法国牛奶用心制作
而成，是法式奶油的经典代表，
它质地轻盈，口感细腻，非
常适合制作各类慕斯和
甜点。无论是甜点装饰
还是通过增香，总统奶
油都让你称心应手！

红茶戚风蛋糕 🕐60min 👥3人

原本朴素简单的戚风蛋糕，混入清香的红茶，再配一口
奶油，一天美丽心情由此开启！

用料：

60克 低筋面粉

40克 细砂糖

1袋 红茶包

3个 鸡蛋

40毫升 植物油

30毫升 热红茶

少许 盐、泡打粉

做法：

① 分离蛋白和蛋黄。取一只大碗，加入蛋黄搅散。

② 将植物油倒入热红茶中混合，一起加入蛋黄中翻拌均匀。

③ 将蛋白放入一个无水无油的大碗中，分三次加入细砂糖（分别在蛋白呈鱼眼泡时、开始变浓稠时和表面出现纹路时加入），将蛋白搅打至干性发泡（提起打蛋器有直立短小的尖角）。

④ 将搅打好的蛋白霜分次加入蛋黄糊中翻拌，每次等翻拌均匀后再加入并继续翻拌。

⑤ 将泡打粉、盐和低筋面粉混合后筛入混合糊中，翻拌至无粉状态，加入红茶包里的茶叶并拌匀。

⑥ 将混合好的蛋糕糊倒入模具，用力震出气泡，放入预热160摄氏度的烤箱烤40分钟左右即可。

关于打发蛋白：
如果一次加糖过多，会影响蛋白的起
泡，一般习惯分次来加糖。冷藏状态下蛋
白容易打发，因高温易断于保持也较的
稳定性；不至于太快消泡。如果蛋白打
发过度，戚风蛋糕在烘烤时容易开裂。
关于戚风蛋糕：
制作戚风蛋糕时一定要选用无味的植物
油，其他油脂的特殊味态会掩盖戚风蛋
糕的清淡口感。也不可使用融化后的黄
油，会影响蛋糕体蓬松，从而影响戚风
蛋糕的松软。

纽约芝士蛋糕 🕐105min 👥6人

自制蛋糕的最大优势就是，芝士的浓郁程度实乃业界良心！而且酸甜适中的口感，加上香酥的全麦饼干，不用担心会吃腻。

用料：

饼干底用料：

300 全麦饼干
80克 黄油

蛋糕用料：

300克 奶油奶酪
100克 绵白糖
100毫升 淡奶油
2个 鸡蛋
100克 酸奶油
20克 玉米淀粉
半个 柠檬
1毫升 香草精

做法：

① 将全麦饼干放入保鲜袋中，用擀面杖擀成均匀的碎末。将黄油切小块，隔水加热至融化，倒入饼干碎中搅拌均匀。

② 在模具的内侧和底部涂一层黄油，以方便脱模。将饼干碎均匀地铺在模具底部，用勺背或手指压平实。

③ 将奶油奶酪切小块，隔水加热软化后，倒入无油无水的大容器中。分三次加入绵白糖，用手动打蛋器打发至顺滑无颗粒的状态。

④ 鸡蛋打散，将全蛋液分两三次加入容器中，搅拌均匀。依次加入酸奶油、淡奶油和香草精，每次都充分拌匀。玉米淀粉过筛后，加到容器中，搅拌至顺滑。用手将柠檬汁挤入蛋糕糊，尽量多挤一些。

⑤ 将蛋糕糊倒入已铺好饼干碎的模具中，抹平表面，震去气泡。

⑥ 在模具外围包好锡纸。烤箱预热180摄氏度，烤盘中注入热水（超过蛋糕高度的一半），放置在中下层，放入模具，180摄氏度水浴20分钟后，160℃继续烤40分钟。让蛋糕在烤箱内自然冷却。

大蛋糕

浓情布朗尼蛋糕

🕐 60min 👥 3人

烤完布朗尼总是满满一屋子的巧克力香，那香气总让人
忍不住吃上一块，再吃一块。密实的口感加上浓郁的巧
克力味，说是美妙绝伦也不为过。

用料：

140克 巧克力

170克 黄油

70克 高筋面粉

2个 鸡蛋

140克 细砂糖

50克 核桃碎

做法：

① 将黄油和巧克力分别切成小块放入同一个大碗中，隔水加热并不断搅拌
至融化成光滑浓稠的巧克力混合液。将巧克力混合液取出放置，让其自
然冷却至30摄氏度左右。

② 在融化巧克力的同时，将鸡蛋从冰箱中取出放在室内回温（如果鸡蛋本
身就是室温的可省略此步）。取一只大碗，加入细砂糖，然后将鸡蛋打
入，用打蛋器搅拌均匀成鸡蛋混合液备用。

③ 将冷却至30摄氏度左右的巧克力混合液倒入鸡蛋混合液中搅拌均匀。

④ 在巧克力鸡蛋混合液中筛入高筋面粉并翻拌均匀成布朗尼糊（如果想要
蓬松的布朗尼蛋糕体，可以筛入少量泡打粉一起翻拌均匀）。

⑤ 在蛋糕模具内壁涂抹一层黄油，倒入布朗尼糊并将表面抹平。

⑥ 在布朗尼糊表面撒上核桃碎（核桃碎可先用烤箱烘烤几分钟，再拌入布
朗尼糊中，也可直接撒在布朗尼糊表面随蛋糕一起烘烤），放入预热190
摄氏度的烤箱中烤25－30分钟即可。

杏仁雪梨蛋糕　🕐 60min　👥 3人

杏仁的独特香气与雪梨的甜蜜口味，一旦相遇便难舍难分。

用料：

10毫升 淡奶油

85克 无盐黄油

50克 杏仁粉、糖粉

25克 低筋面粉

1个 鸡蛋、大雪

半勺 泡打粉

适量 杏仁片

做法：

① 雪梨洗净后去皮去核并切片，鸡蛋打散备用。将无盐黄油切成小块置于室温中软化，加入40克糖粉，用电动打蛋器打发至蓬松。分次加入蛋液搅打均匀。

② 在黄油混合物中筛入杏仁粉、低筋面粉和泡打粉，并用橡皮刮刀翻拌均匀。

③ 淡奶油用电动打蛋器打发至六成（搅打至纹路出现即可）。

④ 将打发的淡奶油加入之前的混合物中并用橡皮刮刀翻拌均匀。

⑤ 在蛋糕模具（6英寸）内壁涂抹一层黄油，拌好的蛋糕糊倒入模具中并用力震出大气泡，用橡皮刮刀抹平表面，然后放上雪梨片稍加按压。

⑥ 将蛋糕模放入预热190摄氏度的烤箱烤半小时左右取出，撒上杏仁片，再放入烤箱继续烤15分钟左右。最后在蛋糕表面撒上10克糖粉即可切块食用。

巧克力夏洛特慕斯 ○ 95min 👥 3人

蛋糕由于形似装饰有蕾丝和蝴蝶结的夏洛特式女式帽子
而得名，海绵蛋糕和巧克力的结合也给人优雅的感觉。

用料：

170克 黑巧克力

100克 低筋面粉

7个 蛋黄

8个 蛋清

330毫升 总统淡奶油

270克 细砂糖

20毫升 朗姆酒

适量 巧克力刨花、巧克力酱

做法：

1. 将4个蛋清放入盆中，分三次加入100克细砂糖，用电动打蛋器打发至充分起泡，呈有光泽的立体状。

2. 轻轻搅拌4个蛋黄。取少量打发好的蛋清加入蛋黄液中，搅拌均匀后倒回打发好的蛋清中。

3. 筛入低筋面粉，用刮刀从底部翻拌，混合均匀。将面糊装入直径1厘米的圆口裱花嘴里，在放有烤纸的烤盘里挤出长7厘米的棒状和2个直径为18厘米的圆形蛋糕坯。放入210摄氏度的烤箱烤12~15分钟。

4. 将棒状海绵蛋糕的一边切去，然后在模具内壁围一圈，底部放上一层圆形海绵蛋糕，用手指压紧接缝处。

5. 黑巧克力隔40~45摄氏度水融化，加入30毫升总统淡奶油和3个蛋黄拌匀。

6. 剩余蛋清中分3次加入60克细砂糖，将其打发成粘稠的立体状。将少许蛋清加入黑巧克力浆，迅速拌匀后再倒回蛋清中轻快地搅拌均匀。

7. 将80克细砂糖和朗姆酒加100毫升水混合制成朗姆酒糖浆，将其涂抹在蛋糕内侧。将黑巧克力慕斯倒至蛋糕1/2处，盖上另一片海绵蛋糕，刷上朗姆酒糖浆，继续倒入剩余黑巧克力慕斯。放入冰箱冷藏至凝固。

8. 将30克细砂糖加入300毫升总统淡奶油中，用电动打蛋器打发。将打发好的总统淡奶油放入裱花袋中，挤在蛋糕坯上，最后在上面点缀黑巧克力刨花，淋上少许巧克力酱即可。

Tips

PRÉSIDENT
Crème
Entière
Whipping Cream

烘焙入门讲你知

不论是面包、蛋糕、饼干还是其他的烘焙产品，即便属于不同门类，但总有其相同之处。烘焙的基本用料、工具来来回回就是这些，想要成为烘焙达人，首先就要了解基础的烘焙知识。现在就为大家来进行科普吧！

很多事情，一理通则百理明，烘焙亦是如此。了解基础知识，掌握烘焙小秘诀，烤箱便可自由玩转，任你发挥，甚至进行二次创作也不在话下，让我们发挥创意，烘出新意！

工具

如果你要开始学习烘焙，那么屯一大堆
制作工具是在所难免的事情。

量勺

调配材料时可以更准确快
速地进行称量。一般1茶匙
为5克，1汤匙为15克。

电动打蛋器

可以设定几档速度，可以用
来搅拌面团、混合面糊、打
发蛋白霜和淡奶油。

粉筛

一般分为两种，一种是筛面
粉的，另一种则是筛糖粉、
可可粉等更细的粉类。

量杯

推荐使用玻璃量杯，容易清洗，也不易残留味道。

温度计

隔水融化巧克力时用来测量水的温度，也可以测量食物内部的温度。

刮刀

用于搅拌原料、混合面糊、面团，去除粘在盆子或桌面上的材料。

打蛋器

用来打发或搅拌材料，可以备2~3个打蛋器供使用。

擀面杖

擀面坯时使用，可备不同规格的两种擀面杖。是制作派皮时不可或缺的工具。

模具

除了一些必不可少的工具以外，一些模具也是需要的，
正所谓"工欲善其事，必先利其器"。

裱花袋

装入做好的面糊或奶
油，裱挤装饰蛋糕或制
作曲奇饼干时使用。

饼干压模

可以在面团上刻出各种
形状，是制作花式饼干
的好帮手。

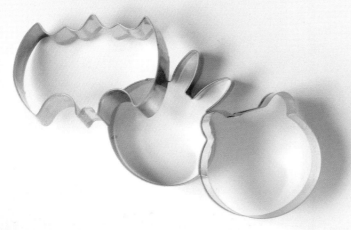

圆形烤模

烘烤蛋糕时使用，一般分活底和固底模具两种。推荐使用活底模更易脱模。

小烤模

有金属模具、陶瓷模具、硅胶模具等，可以根据需求或喜好自行选择。

裱花嘴

安装在裱花袋的前端，可以裱挤出各种形状的工具，有不同的形状和大小。

吐司模

烘烤吐司、磅蛋糕时使用，也可用来制作法式冻派或慕斯。

·烘焙工坊·

牛奶

奶油

细砂糖

发酵粉

酵母

牛奶&奶油

烘焙中使用的乳制品大致可分为黄油、奶油和牛奶三种。奶油在打发后质地轻柔，口感细腻，非常适合制作各类奶油蛋糕和慕斯甜品，总统奶油优选法国牛奶精心制作而成，是法系奶油的经典代表。在烘焙中添加全脂牛奶可以使烘焙产品奶味更香醇，口感更松软。兰特全脂牛奶优选法国黄金产奶区奶源，100%法国原装进口，由纯牛奶制成，富含钙质。

细砂糖&糖粉

烘焙中一般使用细砂糖和糖粉,细砂糖吸水性差,不易结粒。糖粉颗粒细,溶解性强。可以根据其不同的特性用于不同的地方。

酵母&发酵粉

酵母是制作面包时不可或缺的原料,其活性受温度的影响,保存和使用时要特别注意温度条件。发酵粉又称为膨胀粉,将其加入面粉中烘烤,产生的二氧化碳气体会使面坯膨胀,使蛋糕的口感变得松软。

高筋面粉&低筋面粉

高筋面粉面筋含量较高,适合制作面包,通常也作为干粉使用。低筋面粉面筋含量低,口感轻滑,适合用来做蛋糕、泡芙等。

主料

烘焙产品种类众多,细分到各个品类更是不计其数,但总有一些材料是万变不离其宗的。

糖粉

低筋面粉

高筋面粉

辅料

烘焙的乐趣在于其无限的可能，通过添加不同的材料，
出来的成品也会大不一样。

可可粉

抹茶粉

鱼胶粉

吉利丁片

抹茶粉&可可粉

抹茶粉和可可粉是最常见的两种辅料,可以改变成品的味道和颜色。储存过程中容易受潮结块,使用前需要过筛。

巧克力

巧克力有各式各样的品种,不同的巧克力的可可脂含量也不同。在烘焙中一般用得最多的是黑巧克力。

食用色素

分为液体和粉状,具有丰富的色彩,可以使成品更具趣味性、更多变,每次使用只需用牙签取少量即可。

鱼胶粉&吉利丁片

鱼胶粉可以直接用水浸泡后使用,而吉利丁片需要先用冷水泡软后再加热融化成液体,还需要注意温度,否则会降低其凝固力。

食用色素

巧克力

果仁

果干

果干

代表性的果干有葡萄干、蔓越莓干、杏干等。可以直接添加在面团中,也可以将果干放入酒中浸泡或者放进糖浆中煮制后使用。

果仁

果仁有很多种,例如核桃仁、杏仁、开心果仁等,有颗粒状的、片状的、粉状的,既可以作为馅料增添风味,也可以用来作为装饰。

烘焙知识

做烘焙之前有些事情是必须要知道的，当然，你也可以选择一边制作一边摸索。

鸡蛋有话说

　　我们在做蛋糕时经常会看到有全蛋法和分蛋法两种。全蛋法是将砂糖加入鸡蛋中，微微加热后搅拌至起泡，这样做出来的蛋糕口感香滑。而分蛋法是将蛋清和蛋黄分开搅拌，然后与面粉混合在一起，用分蛋法做出来的蛋糕口感会更松软，像戚风蛋糕就是典型代表。

黄油要回温

　　黄油是烘焙的基本材料之一，由牛奶提炼出来，是香气浓郁的动物性油脂，一般分为有盐黄油和无盐黄油。法国进口的总统黄油在加工工艺中添加了乳酸菌，当与面团融合时，乳酸菌的作用会产生更加浓郁醇正的奶油芳香，因此相比起普通黄油，其奶香更浓郁，质地更柔软，入口绵滑。

　　黄油使用时需将其放在室温中回软到用手指能够按压出痕迹的程度。如果黄油比较硬的话，也可以切成小块，放在容器内隔着温水慢慢融化。

面团大不同

（上图左起：基本面团、油酥面团、甜酥面团）

　　基本面团是制作料理时最常见的面团之一。它含糖量低，很容易出面筋，所以揉面时不能太用力。

　　油酥面团中黄油含量高，常常被用来制作曲奇。在面团中加入果干、果仁会使成品更富有变化。

　　甜酥面团由于含糖量高，面筋的含量相对就会降低，所以制作过程中需要放入冰箱冷藏使其保持冷却状态，而且操作一定要快。

烤箱需预热

　　在烘烤之前一定要预热烤箱，确认烤箱的温度是否达到要求，一般预热烤箱需要10~15分钟，但每款烤箱功率不同，可以放温度计进行测量。